21世纪高等学校计算机
专业实用系列教材

数字图像处理基础与实践
（MATLAB版）（第二版）

孙忠贵 编著

清华大学出版社

北京

内 容 简 介

本书主要介绍数字图像处理的基本内容及相应的 MATLAB 程序实现。主要内容包括图像的基本操作、图像的基本运算、图像变换、图像的形态学操作、图像增强、图像去噪、图像分割等。在内容组织上注重理论与实践的相辅相成，一方面通过对理论内容进行简明扼要的介绍，使读者能够顺利进入实践环节；另一方面通过实践操作使读者进一步理解并掌握相关内容的理论本质。

为满足不同读者的学习需求和开发习惯，本书采用双语言实现方案。主体内容以 MATLAB 编程实现，附录提供 Python 环境配置指南，并在配套电子资源中同步提供本书示例程序的双版本代码（MATLAB＋Python）。

本书可供高等学校数字图像处理及相关课程的专科生、本科生和研究生作为教材使用，也可作为相关科研人员、工程技术人员的参考读物。

图书在版编目（CIP）数据

数字图像处理基础与实践：MATLAB 版 / 孙忠贵编著. -- 2 版. -- 北京：清华大学出版社，2025. 8.
（21 世纪高等学校计算机专业实用系列教材）. -- ISBN 978-7-302-69756-5

Ⅰ. TN911.73

中国国家版本馆 CIP 数据核字第 2025TN8715 号

责任编辑：贾　斌　董柳吟
封面设计：刘　键
责任校对：韩天竹
责任印制：丛怀宇

出版发行：清华大学出版社
　　　　　网　　　址：https://www.tup.com.cn，https://www.wqxuetang.com
　　　　　地　　　址：北京清华大学学研大厦 A 座　　　邮　　编：100084
　　　　　社 总 机：010-83470000　　　　　　　　　　邮　　购：010-62786544
　　　　　投稿与读者服务：010-62776969，c-service@tup.tsinghua.edu.cn
　　　　　质量反馈：010-62772015，zhiliang@tup.tsinghua.edu.cn
　　　　　课件下载：https://www.tup.com.cn，010-83470236
印 装 者：小森印刷（天津）有限公司
经　　销：全国新华书店
开　　本：185mm×260mm　　　　印　　张：9　　　　　字　　数：219 千字
版　　次：2016 年 11 月第 1 版　　2025 年 8 月第 2 版　　印　　次：2025 年 8 月第 1 次印刷
印　　数：1～1500
定　　价：36.00 元

产品编号：113185-01

第二版前言

随着信息技术的发展,数字图像在诸多领域中得到广泛应用,数字图像处理的相关学习也受到了越来越多的关注。数字图像处理已成为理工类诸多专业专科生、本科生和研究生的一门重要课程。

关于数字图像处理的学习既涉及严谨的理论基础,又需要熟练的编程技能,将二者在知识体系上密切结合并相辅相成是本书写作的主要动机。围绕这一动机,本书在内容上采用了"理论+实践+实验"的呈现形式。其中理论知识涵盖数字图像处理的常见基础内容,包括图像的基本操作、图像的基本运算、图像变换、形态学操作、图像增强、图像去噪、图像分割等。本书在介绍这些知识的过程中嵌入了必要的程序示例,力求使读者通过动手实践领悟其理论本质,同时也掌握相应的编程技能。各章最后的实验环节,在编写上注意了实用性、趣味性及启发性。相信通过完成实验报告,能够进一步激发读者对图像处理的学习兴趣及研究热情。书中涉及的部分图片、代码及其他参考资料等可以在清华大学出版社官网下载,读者也可通过扫描封底二维码下载。

本书第一版自 2016 年 11 月发行以来,多次重印,并得到来自社会读者及多所院校师生的积极反馈。这些宝贵建议与笔者在课堂教学及研究生培养中的实践积累,共同促成了此次修订再版。本书第二版完全保持了第一版的框架和体系,但在以下几方面作了进一步的修改和完善。首先,在每节后面增加了扩展阅读栏目,着重介绍与该节知识点相关的历史经纬、关键术语等,是章节知识的有益补充。其次,课后实验题目得到进一步丰富。再次,考虑到近年来 Python 语言在计算机视觉领域的广泛使用,为满足不同读者的学习需求和开发习惯,本版采用双语言实现方案。在主体内容继续采用 MATLAB 编程实现的同时,附录部分提供了本书的 Python 环境配置说明,并在配套电子资源中同步提供书中示例程序的双版本代码(MATLAB+Python)。最后,第一版中一些文字上的错误及不妥之处也得到了纠正。所有这些变动的目的是使本书更加容易理解,更加容易激发读者对数字图像处理的学习兴趣和启发性思考,从而让更多读者从中受益。能否达到这一目标,有待于实践的检验。

本书的编写工作得到山东省自然科学基金(ZR2024MF143,ZR2020MF040)和山东省重点学科建设经费的资助。全书的完成,参考和引用了大量同行的研究成果,在此向原作者表示衷心感谢。同时,本书写作过程还受到诸多文献和网络资源等的启发,书中引用不完全之处,恳请各位专家学者见谅。

由于编者水平所限,书中难免出现不当之处,敬请各位读者及同行批评指正。

编　者

2025 年 5 月

第一版前言

随着计算机技术及信息技术的发展,数字图像在诸多领域中得到广泛应用,数字图像处理的学习也受到了越来越多的关注。数字图像的学习内容既涉及严谨的理论基础,又需要熟练的编程技能,将二者在知识体系上密切结合并相辅相成是本书写作的主要动机。

本书介绍数字图像若干研究方向的基本知识,在介绍这些理论知识的同时嵌入了必要的程序示例,力求使读者通过动手实践进一步理解并掌握数字图像研究的理论本质,同时也掌握相应的图像处理 MATLAB 编程技能。

本书各章最后以实验报告形式设计了实验环节,这部分内容在编写过程中注意了实用性、趣味性及启发性。相信通过完成实验报告,能够激发读者对图像处理的学习兴趣及研究热情。另外,本书中涉及的部分图片、代码及其他参考资料等在网上有电子资源,读者可通过扫描封底二维码下载。

全书共分为 9 章,涵盖了数字图像处理的若干研究内容,如图像的基本操作、图像的基本运算、图像变换、图像的形态学操作、图像增强、图像去噪、图像分割等。

本书的写作结合了编者多年来在数字图像处理方面的教学实践与研究经验,并受到山东省应用型人才培养特色名校建设工程及山东省自然科学基金(ZR2014FM032)的资助。全书的完成,参考和引用了大量同行的研究成果,在此向原作者表示感谢,并且受到诸多文献、资源的启发,书中引用得不完全,请原作者及各位同行多多谅解。

由于编者水平所限,书中难免出现不当之处,敬请各位读者批评指正。

编　者

2016 年 7 月

目　　录

VI

第1章 绪 论

> **内容提要**

本章介绍数字图像的基本概念、数字图像的离散化表示、数字图像处理及软件环境配置。

> **知识要点**

◇ 图像、数字图像、像素及数字视频的定义。

◇ MATLAB 环境配置。

◇ 最常用的几个 MATLAB 函数命令。

◇ 内联函数与匿名函数。

◇ MATLAB GPU 编程基础。

◇ 数字图像处理所研究的主要内容。

> **教学建议**

◇ 本章教学安排建议 6 课时左右。

◇ 先修知识主要有线性代数、数学实验(MATLAB)、计算机基础等。

◇ MATLAB 常用函数是全书编程的基本工具,用 2 课时左右进行复习巩固。

◇ 内联函数与匿名函数用 2 课时左右进行练习。

◇ 考虑到具体实验环境,MATLAB GPU 编程基础部分可选学,用 2 课时左右。

1.1 基 本 概 念

人们对图像是很熟悉的,然而想对其给出一个科学的定义却不简单[1],诸多研究者一直进行着这方面的尝试。一个关于图像的最古老的定义是柏拉图提出的,他说:"我们首先把影子称为图像,然后把人们在水中或在模糊的、光滑的和闪亮的物体表面看到的反光和所有相似的再现看成图像"[2];图像是"对物体的表达、表象、模仿,一个生动的视觉描述,为了表达其他事物而引入的事物"[3];图像是用各种观测系统以不同形式和手段观测客观世界而获得的,可以直接或间接作用于人眼并进而产生视觉和知觉的实体[4];图像是对客观存在物体的一种相似性的生动模仿与描述,是物体的一种不完全的、不精确的,但在某种意义下是适当的表示[5-7]。因此,使用"图象"或许比"图像"更为合理[4]。

图像直观、丰富的特点决定了其可承载大量信息,故有"一图胜千言""百闻不如一见"等说法。图 1-1 所示为一幅风景图像①,从图中可以看到天空、白云、水面、帆船等景色。尽管这幅图像展现的内容很有限,想把它们全部用文字描述清楚却十分困难。

---

① 除特殊说明,本书所用图像均来自 MATLAB 图像处理工具箱或南加利福尼亚大学的 USC-SIPI image database 图像库(http://sipi.usc.edu/database/)。

图 1-1　风景图像

　　根据图像的表达方式,可将其再细分为物理图像、数字图像、数字视频等。

　　物理图像是指物质或能量的实际分布[6]。根据是否能被人眼所感知,又可把物理图像分为可见图像与不可见图像。可见图像是能为人类视觉所感知的通常意义下的图像。例如,光学图像的光谱波段就能被人的肉眼所感知,属于可见图像。在医学诊断中使用的伽马射线波段在可见光之外,其原始的能量分布属于不可见图像。最终的医学图像是将上述不可见的物理量通过可视化手段转换成人眼能够方便识别的图像形式。

　　数字图像是用数字阵列来表示的图像。数字阵列中的元素称为像素。

　　数字视频是连续播放的数字图像序列。与单幅图像相比,数字视频可看成多幅数字图像在时间轴的叠加,其中每幅图像称为数字视频的一帧。图 1-2 是一个数字视频中连续的4 帧。为了使视频播放保持视觉上的连续性,帧与帧之间往往具有很大的信息冗余。

图 1-2　数字视频的帧序列示例

　　由于数字视频的每一帧都是静态图像,因此一些数字图像处理方法很容易应用到数字视频的处理领域。

📖 扩展阅读

　　视觉暂留:视觉暂留是指人眼在观察物体时,光信号传入大脑神经需要一定时间(约1/24 秒),即使物体消失,视觉印象仍会短暂保留的现象。这一生理特性是动画、电影、LED显示等技术的基础。

其实,早在公元前 4 世纪,古希腊哲学家亚里士多德就观察并记录了运动物体在视觉中产生暂留的现象。中国宋朝(10—13 世纪)的走马灯则是将这一现象转化为实用技术的成功案例。1824 年,英国科学家彼得·马克·罗杰特首次对这一现象进行科学定义和系统阐述,奠定了理论基础。1829 年,比利时物理学家约瑟夫·普拉托发明费纳奇镜,首次将视觉暂留理论转化为可重复验证的科学实验装置。1895 年法国卢米埃尔兄弟基于视觉暂留原理发明电影放映机,由此开创了现代影视时代。这一历程完整展现了"现象观察→经验技术→理论科学→工业应用"的科技创新典型路径。

标准图像: 标准图像是经过学术界和工业界严格筛选的基准测试图像,主要用于算法的基础性能评估。最具代表性的包括 Lenna(纹理与细节分析)、Peppers(色彩基准)、Baboon(高频纹理测试)和 Cameraman(灰度基准)等。这些图像因其独特的视觉特征(如丰富的纹理、均衡的色调分布和清晰的边缘信息),成为评估图像处理算法(如压缩、滤波和增强)的黄金标准。

标准图像集: 标准图像集主要指结构化、大规模且带有标注的图像集合,支撑着计算机视觉各领域的研究。一些经典的标准数据集包括 MNIST(手写数字识别)、CIFAR-10(基础物体分类)、ImageNet(大规模图像分类)、PASCAL VOC(通用目标检测)、COCO(复杂场景理解)和 Cityscapes(自动驾驶场景解析)。这些数据集不仅提供标准化评估基准,其构建方法(如 ImageNet 的 WordNet 体系、COCO 的密集标注策略)更成为后续研究的范本,持续推动着计算机视觉技术的发展。随着技术发展,研究者也在持续创建新的专业数据集(如医疗影像领域的 CheXpert、自动驾驶领域的 Waymo Open Dataset),推动计算机视觉技术向更专业化、精细化方向发展。在实际研究中,根据具体需求选择合适的基准数据集或构建新数据集,是确保研究质量的重要环节。

1.2 MATLAB 基础

MATLAB 是"Matrix Laboratory"两个词的缩写组合,意为"矩阵实验室"。是由美国 Mathworks 公司发布的主要面对科学计算、可视化以及交互式程序设计的软件系统。除基本模块外,MATLAB 还提供了许多可选工具箱,如图像处理工具箱、优化工具箱、统计工具箱、控制系统工具箱等。工具箱的使用能够大大提高用户在具体领域的编程效率,从而节省出更多的时间用于创新思维。有人把 MATLAB 称为继机器语言、汇编语言、高级语言之后的"第四代计算机编程语言"。

1.2.1 MATLAB 工具箱安装

MATLAB 中可以添加大量工具箱,这些工具箱可以是 MATLAB 官方提供的专业工具箱,也可以是第三方的共享代码。以图像处理软件包 DIPUM[8] 为例,介绍 MATLAB 工具箱的安装步骤:

第一步,将解压后的工具箱复制到 MATLAB 安装目录下的 toolbox 子目录。

第二步,在 MATLAB 运行界面的 HOME 选项卡中单击 Set Path 快捷按钮,打开 Set Path 窗口,如图 1-3 所示。

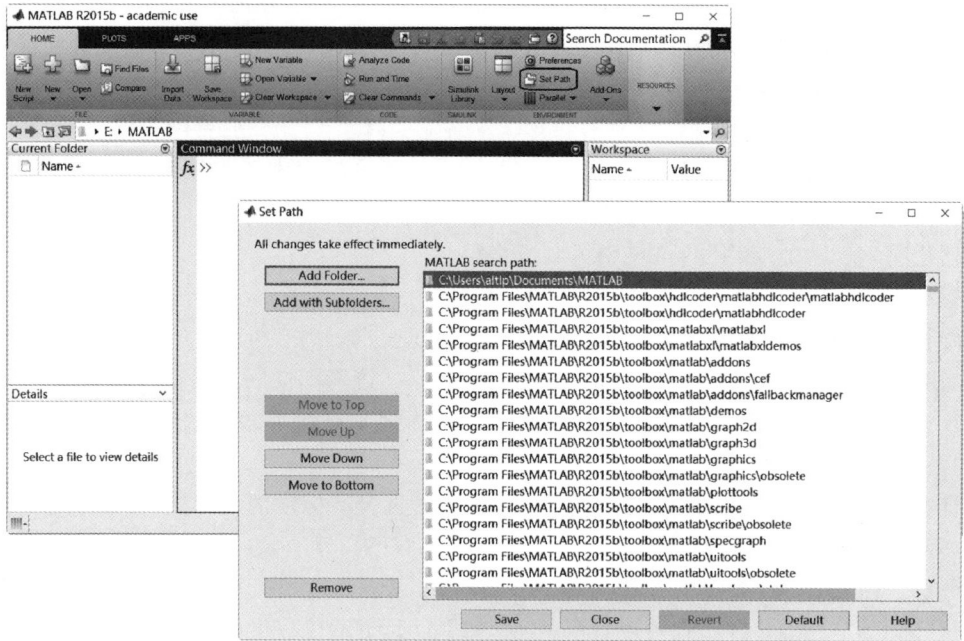

图 1-3　MATLAB工具箱安装示例第二步

　　第三步,单击 Set Path 窗口中的 Add Folder 按钮,选择 DIPUM 所对应的目录,如图 1-4
所示。

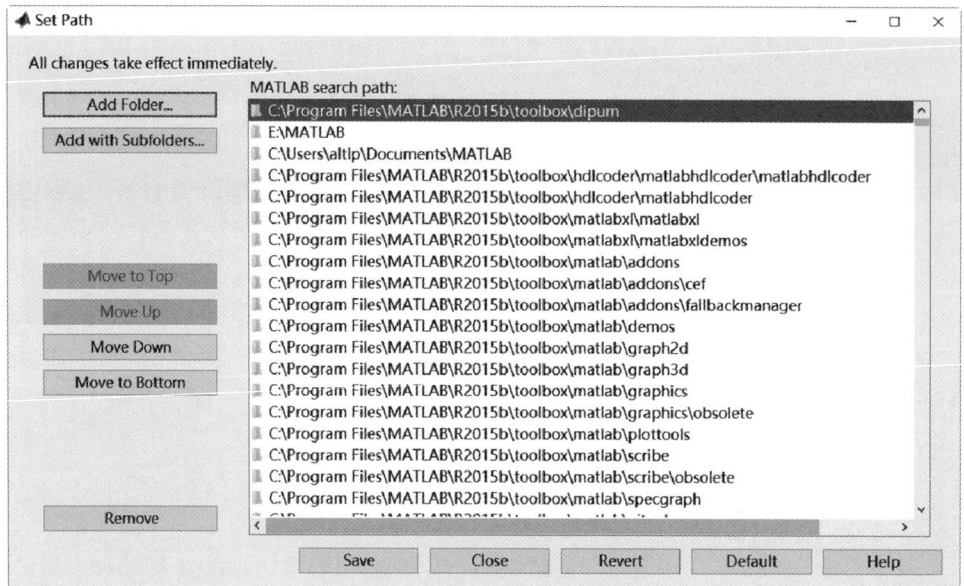

图 1-4　MATLAB工具箱安装示例第三步

　　第四步,依次单击上面窗口中的 Save 和 Close 按钮,完成 DIPUM 工具箱的安装。

1.2.2　几个常用的 MATLAB 命令

为方便后续内容的程序调试,几个常用的 MATLAB 命令列举如下:

"help 命令名称/程序名称"用来在命令窗口中显示相应 MATLAB 命令或文件的帮助信息。

"doc 命令名称/程序名称"用来在帮助窗口中以网页形式获取 MATLAB 命令或 M 程序的帮助信息,显示风格较"help"更为丰富和灵活。若在命令窗口中只输入"doc",则直接打开帮助网页,操作十分方便。

"type 程序名称"用于在命令窗口中显示 MATLAB 程序内容。

"edit 程序名称"用于在 MATLAB 程序编辑器中打开相应程序以进行编辑。

"pcode 程序名称"用于将 MATLAB 和 M 程序转换为扩展名为 .p 的加密格式。

"clc"命令用于清除命令窗口所显示的内容。

"clear"命令用于清除内存变量。

"cat"命令用于按指定方向连接矩阵。

"save"和"load"命令则分别用于将内存变量放入外存和将放入外存的内存变量重新读入内存。

"tic"和"toc"命令,用来记录 MATLAB 命令执行的时间。常用"tic"来保存当前时间,而后使用"toc"来记录程序完成时间。

上面命令的具体实例可通过 doc 函数获取,建议读者结合实例,加深对这些命令的掌握。

1.2.3　MATLAB 的内联函数与匿名函数

此处对 MATLAB 的内联函数和匿名函数实现方法进行介绍,MATLAB 引入这两个函数主要是为了减少程序访问外存时间,提高运算效率。

1. 内联函数

内联(inline)函数是 MATLAB 7.0 以前经常使用的一种构造函数对象的方法。在命令窗口、程序或函数中创建局部函数时,通过使用 inline 构造函数,而不用将其存储为一个 M 文件,同时又可以像使用一般函数那样调用它。常用语法为

```
fhandle = inline(expr,arg1,arg2, … )
```

其中,fhandle 是调用该函数的函数句柄;expr 为函数表达式;$argi$ 为函数参数。由于内联函数是存储于内存中而不是在 M 文件中,因此省去了文件访问的时间,加快了程序的运行效率。

需注意,内联函数在使用过程中还会受到一些制约。首先,不能在内联函数中调用另一个 inline 函数;其次,只能由一个 MATLAB 表达式组成,并且只能返回一个变量。

2. 匿名函数

匿名函数(anonymous function)是 MATLAB 7.0 提出的一种全新的函数描述形式,和内联函数类似,可以让用户编写简单的函数而不需要创建 M 文件,匿名函数具有 inline 函数的所有优点,并且还具有一些独有特点,运行效率也比 inline 函数高。定义一个匿名函数

常用语法是

```
fhandle = @(arglist) expression
```

其中,fhandle 依然是相应的函数句柄;arglist 为参数列表。

例 1-1 分别采用内联函数和匿名函数定义:

$$f(x,y) = x^2 + y^2$$

并测试运行。

```
>> f1 = inline('x^2 + y^2', 'x', 'y'); ①
>> f1(2,3)
ans =
    13
>> f2 = @(x,y) x^2 + y^2;
>> f2(2,3)
ans =
    13
```

匿名函数会让前面的内联函数逐步退出 MATLAB 舞台,事实上在设计这种类型的函数时就带有这一目的,目前保留内联函数无疑会使程序具有更好的向下兼容性。

1.2.4 MATLAB GPU 编程基础

GPU 英文全称为 Graphic Processing Unit,中文翻译为“图形处理器”或“图像处理单元”。与 CPU 相比,GPU 更适合大规模并发计算,在处理图像时往往具有更高的工作效率。

从 MATLAB 2013 版本开始,MATLAB 可以直接调用 GPU 进行并行计算。只要数据是 gpuArray 格式的,许多 MATLAB 内置函数就会自动地调用 GPU 进行计算。下面介绍 MATLAB 的 GPU 编程时的几个基础函数。

1. GPU 设备确认

(1) gpuDeviceCount 函数用于获取当前设备上的 GPU 数目,语法格式为

```
n = gpuDeviceCount
```

(2) gpuDevice 函数用于选择 GPU 设备,语法格式为

```
D = gpuDevice or gpuDevice()
```

如果当前还未设置选择的 GPU,则选择默认的 GPU,D 是返回对象;如果已经设置了 GPU,则返回设置的 GPU 对象。

```
D = gpuDevice(IDX):
```

表示选择 IDX 对应的 GPU 设置(分别用 1 和 2 等表示),D 依然为返回对象。

(3) reset 函数用于清空 GPU 内存,语法格式为

```
reset(gpudev)
```

---

① 也可忽略参数而写成 f1=inline('x^2+y^2');

与 MATLAB 的 clear 功能类似,gpudev 是 gpuDevice 返回的对象。

例 1-2 获取当前计算机的 GPU 数目,指定 GPU 设备,并练习清空所指定 GPU 的内存。

```
>> n = gpuDeviceCount
>> D = gpuDevice
>> reset(D)
```

2. GPU 与 CPU 之间的数据交互

(1) gpuArray 用于将 CPU 内存数据传到 GPU 内存中,语法格式为

```
GX = gpuArray(X)
```

其中,X 为 CPU 内存变量;GX 为得到的 GPU 内存变量。

(2) gather 函数用于将 GPU 内存数据传到 CPU 内存中,语法格式为

```
X = gather(GX)
```

其中,GX 为 GPU 内存变量;X 为得到的 CPU 内存变量。

例 1-3 编程实现 CPU 与 GPU 之间内存变量的交互。

```
X = rand(10,'single');    % 定义在 CPU 上的一个 10×10 的随机初始化数组
GX = gpuArray(X);         % 在 GPU 初始化数组 GX,并且将 X 的值赋给 GX
GX2 = GX.* GX;            % GPU 上执行数组对应位置的点乘
CX2 = gather(GX2);        % 将 GPU 上的运算结果 GX2 返回到 CPU 的 CX2
```

例 1-4 编程比较 CPU 与 GPU 对大规模计算的运行效率。

```
A1 = rand(12000,400);
B1 = rand(400,12000);
tic
  f1 = sum(A1.'.* B1, 1);
tCPU = toc

A2 = rand(12000,400,'gpuArray');
B2 = rand(400,12000,'gpuArray');
tic
  f2 = sum(A2.'.* B2, 1);
tGPU = toc
CGTime = tCPU/tGPU
```

上面程序的运行结果为

```
tCPU =
    0.0414
tGPU =
    3.0278e - 04
CGTime =
    136.6621
```

由程序运行结果可以看出,针对这一计算任务,在实验所用的计算机上,GPU 的运算速度达到 CPU 的 130 多倍。另外需要注意,本程序在调用随机数函数 rand 时使用"gpuArray"

参数，直接生成了 GPU 内存变量。

📖 **扩展阅读**

GNU Octave：GNU Octave 是一款免费开源的数值计算软件，语法与 MATLAB 高度兼容，支持矩阵运算、数据可视化和算法开发。它提供了类似 MATLAB 的编程环境，包含数百个内置数学函数，能直接运行大多数 MATLAB 脚本（.m 文件），是学术研究和工程计算的经济替代方案。

CUDA：CUDA 是一个由 NVIDIA 公司推出的 GPU 并行计算平台，本质上是一套连接软件与 GPU 硬件的编程接口和生态系统。它能与一些 AI 框架（PyTorch/TensorFlow）、科学软件（MATLAB）等深度集成，为开发者提供调用 GPU 计算核心的标准方法，既隐藏了硬件细节，又保留了并行优化能力。

1.3　本　书　内　容

数字图像处理就是用计算机处理数字图像，其着重强调在图像之间进行变换，即处理的对象和结果均为图像。

本书将介绍数字图像处理的一些基本内容，主要包括图像的基本操作、图像的基本运算、图像变换、图像的形态学操作、图像增强、图像去噪、图像分割等。

图像的基本操作，主要是图像的读取、显示与存储操作。

图像的基本运算，包括图像的代数运算和几何变换两部分。

图像变换是指通过数学映射的方法，将空域中的信息转换到变换域，如频域、时频域等。通过对图像变换域信息进行处理，再进行逆变换，最终获取处理后的图像。

图像的形态学操作是指采用数学形态学的仿生方法对图像进行处理。

图像增强是为了改善图像的视觉效果，突出图像中有用的部分（即所感兴趣的部分）。

图像去噪的目的是将退化图像原有信息进行恢复，使之更接近实际。

需要注意，图像增强与图像去噪的目的不同，前者是为了满足用户的主观偏爱，而后者则倾向于逼近客观真相。

图像分割则是将一幅图像分成若干有意义或感兴趣区域的过程。通过图像分割，有利于将图像中有意义的特征部分提取出来，而这些特征是进一步进行图像分析和理解的基础[7]。

由于篇幅所限，本书主要对图像处理的最基本方法进行介绍。相信通过对本书的学习，读者在进行相关文献阅读及解决实际问题时，能有一个较为清晰的问题背景及物理直觉，有利于对问题的正确分析和最终解决。

📖 **扩展阅读**

图像处理、图像分析与图像理解：图像处理聚焦像素级操作（如去噪、锐化），通过算法直接修改图像数据，实现从图像到图像的转换；图像分析在此基础上提取结构化信息（如目标检测、特征分类），实现从图像到结构化数据的转换；而图像理解则进一步融合场景上下文和语义推理（如行为识别、关系判断），实现从图像到人类可解释的高层描述/决的策转换。

三者呈递进关系:图像处理是基础,为分析提供高质量输入;图像分析生成的中层表征支撑理解任务;而理解层的反馈又可优化处理和分析策略。随着深度学习发展,传统界限逐渐模糊,端到端模型已能直接实现"像素→语义"的跨层次映射,但三者分工仍可为系统设计提供重要理论框架。

本 章 实 验

实验一 MATLAB 工具箱安装

一、实验目的

掌握 MATLAB 工具箱的安装。

二、实验原理

MATLAB 工具箱安装,详见 1.2.1 节。

三、实验内容

完成网上电子资源教辅材料中所给 MyTool 工具箱的安装。

四、实验报告要求

(1) 描述必要的实验原理和基本步骤。

(2) 用数据和图片给出各个步骤中取得的实验结果。

(3) 验证工具箱是否可用。

实验二 MATLAB 基本操作

一、实验目的

(1) 熟悉常用 MATLAB 基础命令。

(2) 掌握匿名函数与内联函数的使用。

二、实验原理

MATLAB 基本操作,详见 1.2.2 节与 1.2.3 节。

三、实验内容

(1) 练习 1.2.2 节中几个常用的 MATLAB 命令。

(2) 分别使用内联函数、匿名函数和 MATLAB 外部函数文件完成一个函数的编程并测试运行。

四、实验报告要求

(1) 描述必要的实验原理和基本步骤。

(2) 用截图给出各个步骤中取得的实验结果。

(3) 比较三种函数对同一算法的运行效率(时间)。

实验三 经典图像数据集

一、实验目的

了解一些经典数据集及申请下载方式。

二、实验原理

参考 1.1 节"基本概念"的扩展阅读的相关内容。

三、实验内容

(1) 了解 1~2 个经典数据集。

(2) 尝试下载 1~2 个经典数据集。

四、实验报告要求

(1) 对数据集进行简要介绍。

(2) 对数据集的了解及下载过程通过截图配合说明。

第2章 图像的基本操作

➤ **内容提要**

本章介绍 MATLAB 环境中数字图像的基本操作,包括数字图像的离散化表示、图像的读取、显示、存储(写)操作,以及图像的邻域操作、块操作。

➤ **知识要点**

◇ 图像的数值矩阵模型,包括灰度图像、二值图像及彩色图像。

◇ 图像的读取、显示及存储操作。

◇ 图像的邻域操作与块操作的具体实现。

➤ **教学建议**

◇ 本章教学安排建议 6 课时左右。

◇ 图像数值矩阵模型的理解,图像的读、写、显示等基本操作共 2 课时。

◇ 图像的邻域操作与块操作对后续章节中的滤波器设计十分重要,用 2 课时进行实践练习。

◇ 2 课时左右的时间专门用于实验及讲评。

2.1 数字图像的离散化表示

如第 1 章所述,数字图像是用数字阵列来表示的,具体到不同的图像类型,这些数字阵列也具有不同形式。

2.1.1 灰度图像

对一幅分辨率为 $M \times N$ 的灰度图像 I,在 MATLAB 中是以二维矩阵的形式来表示的:

$$I = \begin{bmatrix} I(1,1) & I(1,2) & \cdots & I(1,N) \\ I(2,1) & I(2,2) & \cdots & I(2,N) \\ \vdots & \vdots & \ddots & \vdots \\ I(M,1) & I(M,2) & \cdots & I(M,N) \end{bmatrix} \tag{2.1}$$

矩阵中的每个元素代表一个像素,该矩阵也称为像素矩阵。元素值越大,对应像素越亮。当数字矩阵中元素的取值只有两种(常为 0 或 1)时,相应灰度图像被称为二值图像。

需注意的是,在编程时 MATALB 中矩阵元素的下标约定从(1,1)开始,不同于 C 语言中下标从(0,0)开始的约定方式。

图 2-1(a)是大小为 256×256 的测试图像,图 2-1(b)是取图 2-1(a)中的钟表提手部分并进行了 16 倍的放大显示,图 2-1(c)是 MATLAB 中与图 2-1(b)相对应的数值矩阵。

(a) 数字图像

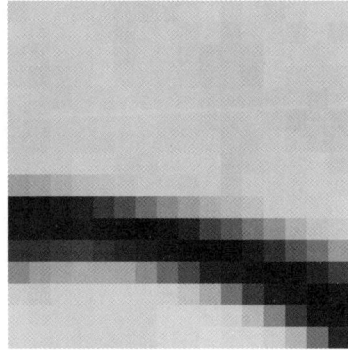

(b) 钟表提手部分16×16子图

223	225	226	225	225	224	224	224	226	227	224	225	224	225	227	227
225	224	226	227	225	223	225	226	224	225	221	224	225	224	226	223
224	223	225	226	227	224	225	225	224	221	221	222	225	225	224	225
224	221	224	225	228	225	226	225	224	222	222	220	225	223	224	223
225	224	223	226	226	227	226	226	225	223	222	222	223	223	221	224
224	224	225	226	227	228	228	226	226	224	223	224	223	220	223	221
223	224	226	226	227	227	227	226	226	223	223	225	224	223	223	222
224	225	226	228	228	226	226	227	227	227	222	224	225	226	227	223
200	205	212	218	221	223	226	226	224	226	221	225	225	225	227	226
69	71	84	96	123	147	175	192	202	211	216	220	225	226	227	228
76	79	77	83	80	74	70	78	96	134	159	179	195	212	221	224
111	114	123	130	118	100	88	78	69	63	63	86	115	151	175	198
188	200	206	210	208	207	193	168	138	93	81	73	65	72	97	127
226	224	228	229	230	230	230	228	222	209	177	125	85	77	63	78
230	228	228	228	230	229	229	232	232	231	228	217	187	125	81	71
230	229	229	228	229	229	229	232	232	234	232	232	228	213	174	97

(c) 子图像在MATLAB中的矩阵表示

图 2-1　灰度图像在 MATLAB 中的离散化表示示例

2.1.2　彩色图像

RGB 图像是一种最常见的彩色图像格式,一幅 RGB 图像就是彩色像素的一个 $M \times N \times 3$ 数组,与灰度图像类似,$M \times N$ 为像素的多少,即分辨率。如图 2-2 所示,形成一幅 RGB 彩色图像的三个分量矩阵通常称为红、绿或蓝分量图像。

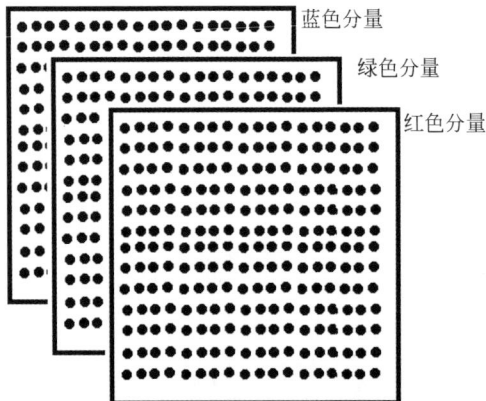

图 2-2　由红、绿、蓝三个分量图像形成 RGB 彩色图像示意图

图 2-3 是一幅实际图像(原图见本书配套电子资源)的红、绿、蓝分量示意图。以服装部分为例,其绿色分量的亮度(分量值)明显大于红色分量和蓝色分量部分,这表明原图中的服装色彩主要呈现为绿色。

(a)红色分量   (b)绿色分量   (c)蓝色分量

图 2-3　一幅实际 RGB 图像的红、绿、蓝分量示意图

由于 RGB 图像的每个分量都是一个二维矩阵,因此很多灰度图像的算法也可改进后用于彩色图像的处理。

索引图像有两个分量,即整数的数据矩阵 X 和彩色映射矩阵 map。map 为 $m \times 3$ 的浮点类型,其中 m 为其所定义的颜色数目,每一行定义了颜色的红、绿、蓝三个分量。这些概念在图 2-4 中给予说明。

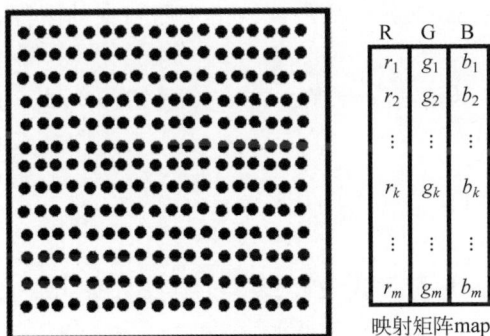

图 2-4　索引图像示例

除 RGB 和索引模式,彩色图像还有 CMYK 模式、HSB 模式、Lab 模式等,此处不再一一介绍。

📖 扩展阅读

图像格式:图像格式是数字图像的存储规范,常见的包括:JPEG(适合照片)、PNG(支持透明背景)、GIF(动图专用)、WebP(高压缩率),以及专业领域用的 TIFF(印刷)和 DICOM(医疗)等。

矢量图:矢量图是通过数学公式定义的图像格式,其核心特点是无限缩放不失真。与像素构成的位图不同,矢量图由路径、锚点和填充属性描述,适合存储 Logo、图标、工程图纸等需要频繁缩放的图形。主流格式包括 SVG(网页友好)、EPS(跨平台印刷标准)和 PDF(文档通用)等。

色彩空间:色彩空间是用于数字化表示颜色的数学框架,主要包括 RGB(显示器使用的红绿蓝加色模型)、CMYK(印刷采用的青品黄黑减色模型)、HSV(基于色调-饱和度-亮度的直观调色系统)、Lab(设备无关的广色域科学模型)以及 YUV(视频压缩用的亮度-色度分离模型)。不同模型各有优势,使用时需根据应用场景(如显示/印刷/分析)具体权衡使用哪种颜色模型。

2.2 数字图像的读、写和显示

MATLAB 的图像处理工具箱由大量支持图像处理操作的函数组成,借助这些函数可以方便地进行图像处理操作。

2.2.1 图像的读取

使用 imread 函数可以将图像数据读入 MATLAB 环境。常用语法格式为

```
[A, map] = imread(filename)
```

其中,A 为所得到的数据图像矩阵;map 为彩色映射矩阵(若读取非索引图像则此参数可省略);filename 为被读入图像的文件全名(含扩展名)。当 filename 中不包含任何路径信息时,imread 默认从当前目录中读取文件;若当前目录中没有所需文件,则自动尝试在 MATALB 搜索路径中寻找该文件。要想读入指定路径中的图像,则 filename 中须包含相应路径信息。

例 2-1 使用 imread 函数读取当前目录下一幅名为 Clock.tiff 的图像,并显示图像矩阵。可使用命令:

```
>> x = imread('Clock.tiff');
>> x
```

在第一步中若去掉分号,则可省去第二步,直接显示矩阵。图 2-5 为原始图像及其在 MATLAB 命令窗口中的图像数据矩阵显示。

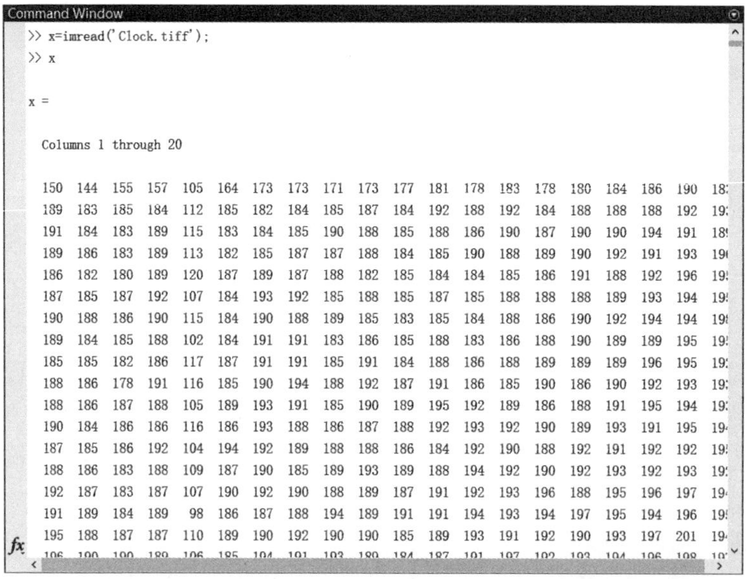

图 2-5　原始图像及其在 MATLAB 命令窗口中的图像数据矩阵显示

可通过 whos 命令查看 x 的附加信息

```
>> whos x
   Name        Size            Bytes  Class    Attributes
   x         256×256           65536  uint8
```

结果表明,x 中的数据元素为 8 位无符号整数,这是为了节省空间,MATLAB 为图像提供的特殊数据类型。该数据类型所允许的数据范围,最小值为 0,最大值为 255。

2.2.2 图像的显示

imshow 函数是最常用的图像显示函数,其基本语法为

```
imshow(I)
```

其中,I 为一个图像矩阵[①],语法为

```
imshow(I,[low high])
```

则将小于或等于 low 的灰度显示为黑色,将大于或等于 high 的灰度显示为白色,介于 low 与 high 之间的灰度值将以默认的级数显示为不同亮度值。语法为

```
imshow(I,[  ])
```

则自动将 low 设置为 I 中的最小值,将 high 设置为 I 中的最大值。这一显示形式在图像矩阵的动态范围较小或有负值出现时经常用到。

继续例 2-1 中的操作,在命令窗口中输入

```
>> imshow(X)
```

得到相应图像的显示结果如图 2-6 所示。

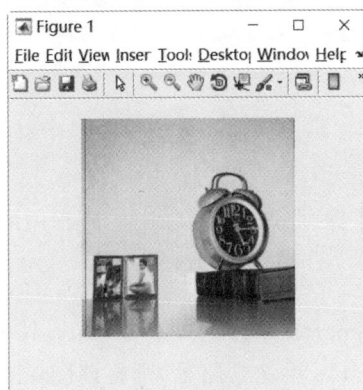

图 2-6　Clock 图像的显示结果

读者可以尝试用 imshow 的其他语法格式对该图像进行显示。

MATLAB 还允许将图像窗口划分为几部分,分别显示不同的图像,此功能可用

---

①　若 I 为索引图像,则采用 imshow(I,map)格式,其中 map 为色彩映射表。

图像的基本操作

subplot 范围来实现。语法为

subplot(m,n,p)

其中,前两个参数的意义是将图像窗口划分为 $m \times n$ 块,第三个参数 p 表示图像的序号。

例 2-2 用 subplot 函数在一个 2×2 的窗口中同时显示多幅图像。

```
>> X1 = imread('Boat.tiff');
>> X2 = imread('Clock.tiff');
>> X3 = imread('Elaine.tiff');
>> X4 = imread('Man.tiff');
>> subplot(2,2,1);imshow(X1);title('Boat');
>> subplot(2,2,2);imshow(X2);title('Clock');
>> subplot(2,2,3);imshow(X3);title('Elaine');
>> subplot(2,2,4);imshow(X4);title('Man');
```

其运行结果如图 2-7 所示。

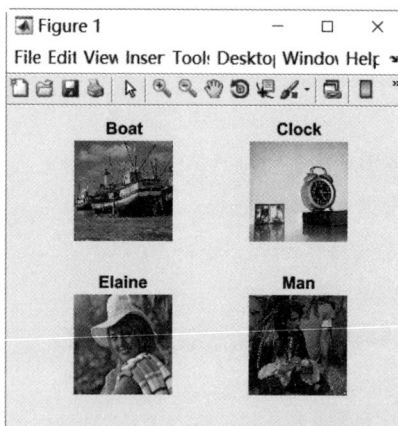

图 2-7 用 subplot 函数显示多幅图像示例

2.2.3 图像的保存

imwrite 函数可用于将图像保存到指定目录中。其常用的语法格式为

imwrite(I,filename)

表示将图像矩阵 I 以文件名 filename 保存到外存储器中,其中,filename 应当包含扩展名,用于指定文件类型。如果 filename 不包含路径,则将该图像文件保存于当前文件夹。

📖 扩展阅读

亮度范围:实际图像处理中,不同来源的图像可能具有不同的亮度范围(如常用的 8 位 JPEG 为 0～255、医学影像的 12 位 DICOM 为 0～4095)。为了方便算法处理,在具体应用中有时会将像素值归一化到区间[0,1]。这种归一化操作既能统一不同位深图像的数值尺度,又保留了与原始数据的对应关系。

2.3 邻域操作与块操作

2.3.1 图像的邻域操作

邻域操作是将每个像素值利用其相应邻域信息进行处理的过程。这里所选的像素邻域通常远小于原图像大小,且形状规则。

邻域操作包括滑动邻域操作和分离邻域操作两种。滑动邻域是一个像素集,其所包含的元素由中心像素的位置所决定,操作结果也作为该中心像素新的灰度值。滑动邻域操作一个邻域只处理一个像素。为方便确定中心像素,滑动邻域通常采用奇数行、奇数列的矩形窗口。

实现一个滑动邻域操作需要以下 5 个步骤[9]:

(1) 选择一个单独的像素。

(2) 确定该像素的滑动邻域。

(3) 对邻域中的像素值应用一个函数求值,该函数将返回标量计算结果。

(4) 将计算结果作为输出图像中对应的像素的值。

(5) 对输入图像的每一个像素都重复上面 4 个步骤。

MATLAB 图像处理工具箱提供了 nlfilter 函数进行滑动邻域操作,其语法如下:

```
J = nlfilter(I, [m n], fun)
J = nlfilter(I, 'indexed', …)
```

其中,I 为原图像;[m n]指定了大小为 $m \times n$ 的滑动邻域;fun 是对滑动邻域矩阵进行操作的函数;indexed 是可选参数,指定这个参数,则表示原图像为索引图像。

nlfilter 语法格式中的 fun 参数还可以为函数句柄,从而使用户可以通过自编 M 文件来实现邻域操作中的具体计算。

如果用户定义函数比较简单,则可直接采用内联函数或匿名函数定义,从而省去 M 文件,提高代码运行效率。

例 2-3 使用 nlfilter 函数实现了将每个像素设置为 5×5 邻域的最大值,如图 2-8 所示。

```
x = imread('tire.tif');
myf = @(x) max(x(:));
y = nlfilter(x,[5 5],myf);
subplot(1,2,1);imshow(x);
subplot(1,2,2);imshow(y);
```

(a) 原始图像　　　　　(b) 邻域操作结果

图 2-8　nlfilter 函数示例

MATLAB还提供了一种用于快速邻域块操作的函数colfilt，这个函数通过为每个像素建立一个列向量，向量各元素对应该像素的邻域元素，减少了图像操作过程中的邻域定义的耗时。具体语法格式为

```
J = colfilt(I,[m n],block_type,fun)
J = colfilt(I,[m n],[mblock nblock],block_type,fun)
J = colfilt(I,'indexed', …)
```

该函数的用法与nlfilter函数相似，I表示原图像，$[m\ n]$指定大小为$m \times n$的滑动邻域，$[mblock\ nblock]$表示一次将$m\,block \times n\,block$大小的图像读入内存；fun为邻域矩阵操作函数，indexed依然为用于指明索引图像的可选参数。block_type用于定义块的移动方式，有两个取值：distinct和sliding，分别用于表示分离块操作和滑动块操作。例2-4给出了例2-3操作的colfilt函数实现方法。

例2-4　用colfilt函数对例2-3中的操作实现快速算法。

```
x = imread('tire.tif');
myf = @(x) max(x);
y = uint8(colfilt(x,[5 5],'sliding',myf));
subplot(1,2,1);imshow(x);
subplot(1,2,2);imshow(y);
```

由于colfilt函数操作中每个像素的邻域均已排成列向量，故此算法中的匿名函数参数为max(x)，不同于例2-3 nlfilter中的参数max(x(:))。

为方便用户编制更复杂的邻域操作，例2-5给出例2-4算法的外部函数仿真实现。

例2-5　采用外部函数实现例2-4算法代码。

```
x = imread('tire.tif');
y = uint8(colfilt(x,[5 5],'sliding',@MAX));
subplot(1,2,1);imshow(x);
subplot(1,2,2);imshow(y);

function y = MAX(x)
y = max(x);
```

2.3.2　图像的块操作

图像的分离块操作是将图像划分为大小相同的矩形区域，不同图像块在图像中无重叠地排列。

在MATLAB图像处理工具箱中，对应分离块操作的函数是blockproc，其语法格式如下：

```
J = blockproc(I, blockSize, fun)
```

其中，I为原始图像；blockSize用于指定图像块的大小，图像块的信息由块结构定义，相应的数据矩阵放在.data域中。例2-6为MATLAB帮助文档中的块操作示例程序（参见图2-9）。

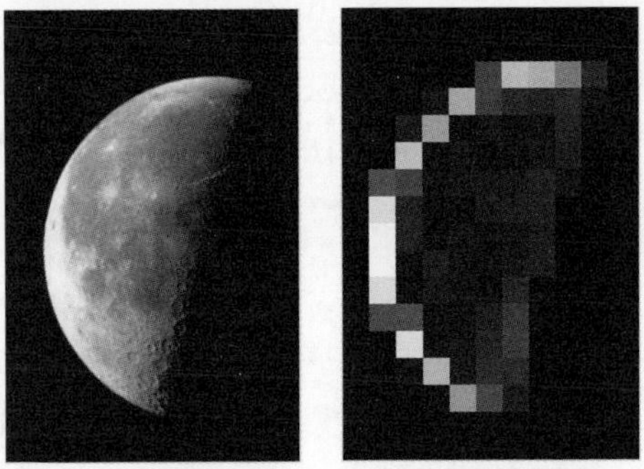

(a) 原始图像　　　(b) 块操作结果

图 2-9　块操作示例

例 2-6　将 32×32 图像块中所有像素的灰度值设为该图像块的标准方差。

```
fun = @(X) std2(X.data) * ones(size(X.data));
I2 = blockproc('moon.tif',[32 32],fun);
figure;
imshow('moon.tif');
figure;
imshow(I2,[]);
```

其中,moon. tif 图像为 MATLAB 图像工具箱自带,故不用指定所在目录。请读者分析代码及运行结果的物理意义。

扩展阅读

　　邻域操作:邻域操作的技术演进完整展现了计算机视觉的发展轨迹。20 世纪 50—70 年代,以均值滤波、高斯滤波和 Canny 边缘检测为代表的固定核操作奠定了传统图像处理的理论基础;20 世纪 80 年代卷积神经网络(CNN)的诞生首次实现了从人工设计到可学习邻域操作的历史性突破;进入 21 世纪后,深度学习推动邻域操作持续革新——大感受野卷积核拓展了空间建模能力,可变形卷积实现了几何自适应采样,而注意力机制则彻底突破了局部性限制。这一从固定模板到动态学习、从局部处理到全局建模的技术跃迁,不仅完成了特征工程的范式转换,更构建了连接底层视觉与高层语义理解的关键桥梁,深刻影响了现代计算机视觉的发展方向。

本 章 实 验

实验一　灰度图像的基本操作

一、实验目的

(1)掌握灰度图像的读、写与显示。

(2)理解灰度图像矩阵的物理意义。

二、实验原理

(1)数字图像的离散化表示。

(2)数字图像的读、写和显示。

三、实验内容

如图 2-10 所示,对本书电子资源中的 Clock.tiff 图像,尝试通过 MATLAB 矩阵基本操作,剪切掉左下角的日历部分内容,并保持原图像视觉上的光滑性。

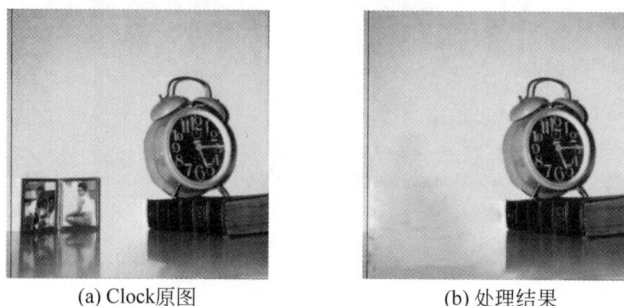

(a) Clock原图　　　　　　　(b) 处理结果

图 2-10　图像的矩阵操作

四、实验报告要求

(1) 描述实验的基本原理和步骤。

(2) 用数据和图片给出各个步骤中取得的实验结果,并进行必要的讨论。

(3) 完整的原代码。

(4) 将处理后的图像写到外存储器中。

(5) 若不考虑编程实现,可否给出能更好地保持这种光滑性的矩阵操作方法?

实验二　彩色图像的基本操作

一、实验目的

(1) 掌握两种彩色图像的读取方式。

(2) 通过对彩色图像的基本操作进一步理解图像处理的实际应用。

二、实验原理

(1) 数字图像的离散化表示。

(2) 数字图像的读、写和显示。

三、实验内容

(1) 读入 MATLAB 图像处理工具箱中的一幅 RGB 彩色图像(onion.png),编程对其三种彩色分量进行轮换,即将 R 分量换成 G 分量,G 分量换成 B 分量,B 分量换成 R 分量。显示并保存处理结果。

(2) 读入 MATLAB 图像处理工具箱中的一幅索引图像(kids.tif),分析数据矩阵与映射矩阵的结合机理。此照片已有些发"黄",尝试通过修改映射矩阵,使此图像看上去不那么显旧。

(3) 有没有类似方法帮助红绿色盲识别交通指示灯? 请读者介绍自己在这方面的想法。

四、实验报告要求

(1) 描述实验的基本原理和步骤。

(2) 用数据和图片给出各个步骤中取得的实验结果,并进行必要的讨论。

（3）完整的原代码。

实验三　图像的邻域操作

一、实验目的

（1）掌握图像的滑动邻域操作。

（2）熟悉内联函数、匿名函数及 M 文件在滑动邻域操作中的应用。

二、实验原理

图像的邻域操作。

三、实验内容

读入一幅图像,对其像素的灰度值用其 5×5 邻域中像素灰度值的中值所取代,并显示、保存处理后的图像。进一步分析处理结果是否具有特殊物理含义。

补充 MATLAB 函数：median（取中值）。

四、实验报告要求

（1）描述实验的基本原理和步骤。

（2）用内联函数、匿名函数和 M 文件分别实现。

（3）用数据和图片给出各个步骤中取得的实验结果,并进行必要的讨论。

（4）完整的原代码。

实验四　索引图像格式转换

一、实验目的

（1）掌握索引图像格式。

（2）熟悉图像的读取、显示与存储。

二、实验原理

参考 2.1 节"数字图像的离散化表示"和 2.2 节"数字图像的读、写和显示"的相关内容。

三、实验内容

对于 MATLAB 图像处理工具箱中的一幅索引图像（kids. tif）,分析数据矩阵与映射矩阵的结合机理,将其存储为非索引图像的 JPG 格式。

四、实验报告要求

（1）描述实验的基本原理和步骤。

（2）中间过程输出映射矩阵。

（3）用数据和图片给出各个步骤中取得的实验结果,并进行必要讨论。

（4）完整的原代码。

图像的基本操作

第3章 图像的基本运算

> **内容提要**

本章介绍 MATLAB 环境中数字图像的基本运算,包括图像的代数运算、几何变换和逻辑运算。

> **知识要点**
  ◇ 图像代数运算的 MATLAB 实现。
  ◇ 图像代数运算的物理背景。
  ◇ 图像几何变换的原理及 MATLAB 具体实现。
  ◇ 图像逻辑运算的实现。

> **教学建议**
  ◇ 本章教学安排建议 6 课时左右。
  ◇ 代数运算部分,除掌握 MATLAB 具体实现外,还应掌握相应的物理应用场景。
  ◇ 几何变换部分,除掌握 MATLAB 实现外,还应当注意相应变换的数学模型。
  ◇ 至少应有 2 课时专门用于实验及讲评。

3.1 代 数 运 算

图像的代数运算又称图像的算术运算,指在多幅图像或多个波段图像间做相应像素的逐点加、减、乘、除等运算。图像代数运算可以直接使用 MATLAB 运算符对图像矩阵进行操作,但这样做必须注意先将图像矩阵转换为与数值矩阵代数运算相一致的双精度浮点类型,运算结束后还应转换回原图像矩阵的数据类型。若采用 MATLAB 图像工具包,则图像间的代数运算可直接利用相关函数实现。

3.1.1 图像的叠加函数

MATLAB 图像处理工具箱通过 imadd 函数产生两幅图像的叠加效果,其使用语法为

```
Z = imadd(X,Y)
```

其中,X、Y 为两个大小相同的图像矩阵。例 3-1 给出两幅图像的叠加示例。

例 3-1 对 MATLAB 图像工具箱中的两幅图像 rice. png 和 cameraman. tif 叠加示例。

```
I = imread('rice.png');
J = imread('cameraman.tif');
K = imadd(I,J,'uint16');
imshow(I);figure,imshow(J);figure,imshow(K,[])
```

所得结果如图 3-1 所示。

(a) rice图像   (b) cameraman图像   (c) 叠加效果

图 3-1　图像的叠加示例

还可利用 imadd 函数通过指定常数参数对图像亮度进行调整。下面仍以 rice.png 为例。

例 3-2　使用 imadd 函数调整图像亮度。

```
I = imread('rice.png');
J = imadd(I,50);
subplot(1,2,1), imshow(I)
subplot(1,2,2), imshow(J)
```

上面程序的执行结果如图 3-2 所示。

图 3-2　使用 imadd 函数调整图像亮度

3.1.2　绝对值差函数

imabsdiff 函数用于计算两幅图像的绝对值差,其语法格式如下:

```
Z = imabsdiff(X,Y)
```

其中,X,Y 依然为大小相同的两个图像矩阵;Z 为 X,Y 两个矩阵分别做减法并对每一位分别取相应差的绝对值的返回结果。例 3-3 显示了一张经过邻域处理过的图与原图的差别。

第3章

图像的基本运算

例 3-3　图像的绝对值差函数操作示例。

```
x = imread('cameraman.tif');
myf = @(x) mean(x);
y = uint8(colfilt(x,[7 7],'sliding',myf));
z = imabsdiff(x,y);
subplot(1,3,1);imshow(x);
subplot(1,3,2);imshow(y);
subplot(1,3,3);imshow(z);
```

程序的运行结果如图 3-3 所示。

图 3-3　图像的绝对值差函数应用示例

3.1.3　图像的减法运算

imsubtract 函数对两幅图像进行减法运算，通常用于检测图像变化。语法格式为

```
Z = imsubtract(X,Y)
```

参数 X、Y 与前面函数意义相同，处理结果 Z 中像素的灰度值为图像矩阵 X 和 Y 的相对应像素灰度值做减法的差。与 imabsdiff 不同，当差小于零时，imsubtract 直接将结果设为零，不再取绝对值。

例 3-4　将前后不同时刻的两幅视频截图（motion1.tiff 和 motion2.tiff）进行减法运算。

```
X = imread('motion2.tiff');
Y = imread('motion1.tiff');
Z = imsubtract(X,Y);
subplot(1,3,1);imshow(Y);
subplot(1,3,2);imshow(X);
subplot(1,3,3);imshow(Z);
```

程序的运行结果如图 3-4 所示。

图 3-4　图像的减法运算示例

运动目标在场景中的位置被明确显示出来。

3.1.4 图像的乘法运算

immultiply 函数可将两幅图像相乘或一幅图像与一个常量相乘。常用于掩模操作(去掉图像中某些部分)或图像灰度增强。其常用调用格式为

```
Z = immultiply(X,Y)
```

例 3-5 immultiply 函数的灰度增强示例。

```
I = imread('Clock.tiff');
I16 = uint16(I);
J = immultiply(I16,I16);
K = immultiply(I,0.5);
imshow(I), figure, imshow(J),figure,imshow(K)
```

程序的执行结果如图 3-5 所示。

图 3-5　图像乘法运算示例

请注意上面程序中图像数据类型的变化。

3.1.5 图像的除法运算

imdivide 函数可实现图像的除法运算,操作对象可以是两幅图像,也可以是一幅图像与一个常数。运算结果是像素值的相对变化比率,而非绝对差异。这是此运算与图像的减法运算和绝对值差运算的主要不同。其语法格式为

```
Z = imdivide(X,Y)
```

参数的具体含义与前面函数类似。

例 3-6 imdivide 函数的应用示例。

```
x = imread('rice.png');
myf = @(x) …
    (min(min(x.data))) * uint8(ones(size(x.data)));
y = blockproc(x,[15 15],myf);
z = imdivide(x,y);
imshow(x);figure,imshow(z,[]);figure,imshow(imdivide(x,2));
```

程序的执行结果如图 3-6 所示。

图像的基本运算

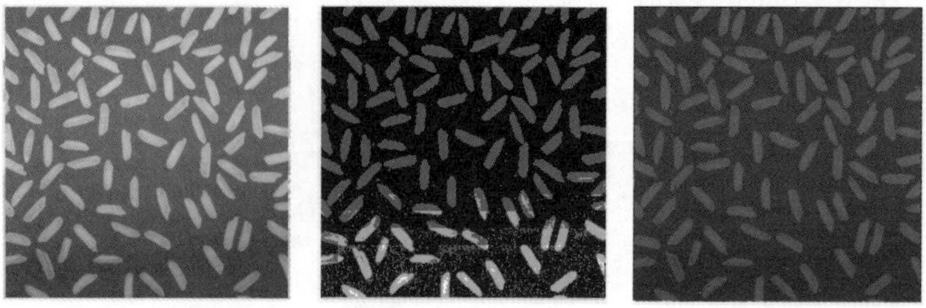

图 3-6　图像除法运算示例

3.1.6　图像的线性组合

MATLAB 采用 imlincomb 函数对多幅图像进行线性组合。该函数的使用格式如下：

```
Z = imlincomb(K1,A1,K2,A2,…,Kn,An)
Z = imlincomb(K1,A1,K2,A2,…,Kn,An,K)
Z = imlincomb(…,output_class)
```

其中，Ki 为浮点双精度标量；Ai 为图像矩阵；K 为常数项；output_class 用来指定输出变量的数据类型。将 Ai 读入 GPU 后，此算法还可在 GPU 上运行。

例 3-7　用 imlincomb 函数实现图像的线性组合。

```
I = imread('rice.png');
J = imread('cameraman.tif');
K = imlincomb(1,I,3,J,'uint16');
imshow(I),figure,imshow(J),figure, imshow(K,[])
```

程序的输出结果如图 3-7 所示。

图 3-7　图像的线性组合运算示例

3.1.7　图像的求补运算

imcomplement 函数用于对图像求补，语法格式为

```
IM2 = imcomplement(IM)
```

其中，IM 可以为二值图像、灰度图像或 RGB 图像。输出的补图 IM2 与 IM 具有相同的图像大小和数据类型。

例 3-8　对参考文献[8]中的一幅胸透图像（Brest.tif）进行求补操作。

```
I = imread('Brest.tif');
```

```
J = imcomplement(I);
imshow(I), figure, imshow(J)
```

程序的运行结果如图 3-8 所示。

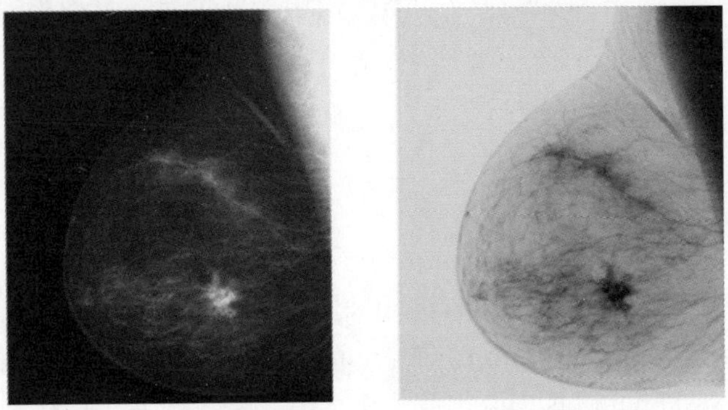

图 3-8　图像求补运算示例

需要注意,只要把图像的数据矩阵先读入 GPU,前面介绍的这几种图像代数运算也都支持 GPU 操作。例如,对例 3-7 稍加修改便可得到相应的 GPU 运算方式。

例 3-9　例 3-7 算法的 GPU 实现。

```
I = gpuArray(imread('rice.png'));
J = gpuArray(imread('cameraman.tif'));
K = imlincomb(1,I,3,J,'uint16');
imshow(I),figure,imshow(J),figure, imshow(K,[])
```

在配置 GPU 的计算机上运行上述代码,会得到与例 3-7 相同的输出结果。

📖 **扩展阅读**

图像的数学表达:在图像处理的数学表达中,存在两种相辅相成的建模方式:第一种是将图像看作由像素值组成的离散数值矩阵,其中行号和列号定位像素位置,矩阵中的数值表示颜色或亮度,这种表示支持矩阵运算和统计处理;第二种则是将图像视为二维平面上的连续亮度分布函数,其中平面坐标位置为自变量,函数值对应该点的明暗或色彩,这种表示适合用微分方程和优化方法进行分析。离散表示擅长计算机处理,连续表示便于理论分析,现代图像处理技术常在这两种视角之间灵活切换。

3.2　几 何 变 换

在数字图像处理过程中,有时需对图像的几何位置、几何形状、几何尺寸等进行处理。MATLAB 通过几何变换实现对上述图像特征的处理。

在对数字图像进行几何变换时,像素坐标将会发生变化,为确保变换后的图像仍为像素矩阵,需进行插值处理。故此部分的 MATLAB 函数往往有插值选项,用于选取不同插值方法。常用选项有最近邻插值('nearest')、线性插值('linear')、三次插值('cubic')、双线性插值('bilinear')和双三次插值('bicubic')等。

3.2.1 改变图像大小

改变图像大小就是在保持图像形状的基础上对图像的大小进行改变。MATLAB 图像处理工具箱通过 imresize 函数实现这一功能。该函数既可对灰度图像,也可对索引图像进行处理。具体语法格式为

```
B = imresize(A,scale,method)
B = imresize(A,outputSize,method)
[Y,newmap] = imresize(X,map,…)
```

其中,A 为要改变大小的图像矩阵;scale 是进行大小改变的倍数;method 为可选项,用于指定插值方法(有 'nearest'、'bilinear' 和 'bicubic' 三个选项,默认为第三个);outputSize 为输出图像的行和列的维数,通常用[numrows numcols]的方式给出(为了保持图像长宽比,在此种情况下,numrows 和 numcols 中必须有一个为 NaN);X 为索引图像的数据矩阵;map 为与 X 相对应的映射表;B 为输出图像;Y 为输出的索引图像;newmap 为 Y 的映射表。

例 3-10 用 imresize 改变图像大小。

```
I = imread('rice.png');
J = imresize(I, 0.5, 'nearest');
figure,imshow(I);figure,imshow(J)
```

其运行结果如图 3-9 所示。

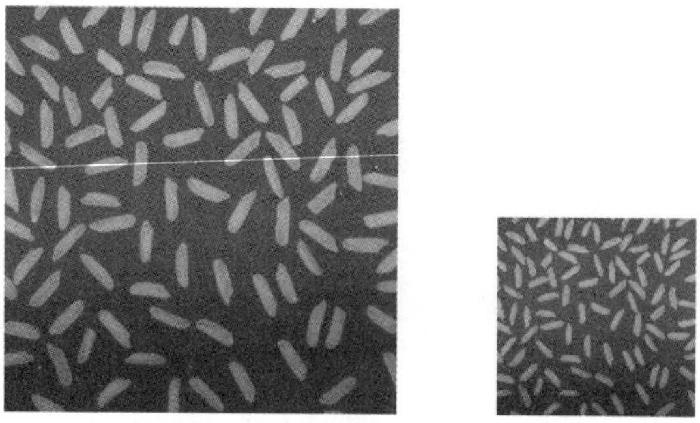

图 3-9　改变图像大小示例

3.2.2 图像的剪切

MATLAB 用 imcrop 函数对图像进行剪切,输出结果为原图像的某个区域。imcrop 函数有原图像和剪切区域坐标点集。常用语法格式为

```
I2 = imcrop
I2 = imcrop(I)
X2 = imcrop(X,map)
__ = imcrop(h)
I2 = imcrop(I,rect)
X2 = imcrop(X,map,rect)
__ = imcrop(XData,YData,__)
[__,rect2] = imcrop(__)
[XData2,YData2,__] = imcrop(__)
```

在上述用法中如果不指定原图像,imcrop 将把当前图形窗口中的图像作为待剪切的图像。map 表示原图像为索引图像的调色板;rect 参数图像剪切区域的矩形坐标(有 4 个元素,分别对应 X、Y 的最小值及矩形区域的宽与高);XData,YData 则分别用于指定剪切区域的 X 坐标与 Y 坐标(各有两个元素);X、I 为待剪切图像的数据矩阵;h 为待剪切图像的句柄。等号右侧表明此函数在输出剪切结果的同时还可输出此结果在待剪切图像中的位置。

例 3-11 用 imcrop 实现图像的剪切。

```
I = imread('Clock.tiff');
I2 = imcrop(I,[ 1 128 128 128 ]);
imshow(I);figure,imshow(I2);
```

图 3-10 为上述代码的运行结果。

图 3-10 图像剪切示例

3.2.3 图像的旋转

MATLAB 用 imrotate 函数实现图像旋转。常用语法格式为

```
B = imrotate(A,angle,method,bbox)
```

其中,A 为被旋转图像;B 为输出图像;angle 为旋转度数;method 为插值选项(三个选项与 imresize 相同,但默认值为最近邻插值,即 'nearest');bbox 是旋转后的图像边界选项,有 crop 和 loose(默认)两个选项,前者通过剪切图像,使旋转前后大小一致,后者则允许 B 包含旋转后 A 的整体信息(通常 B 比 A 尺寸大)。

例 3-12 用 imrotate 实现图像旋转。

```
I = imread('Elaine.tiff');
theta1 = 30;
J = imrotate(I,theta1);
theta2 = - 30;
K = imrotate(I,theta2,'crop');
figure,imshow(I);
figure,imshow(J);figure,imshow(K);
```

运行结果如图 3-11 所示。

图像的基本运算

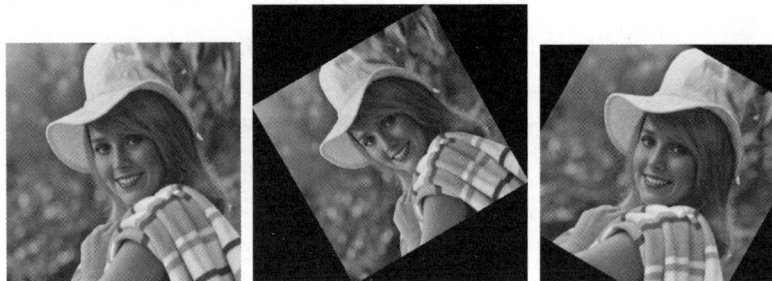

图 3-11　图像旋转示例

3.2.4　图像的几何形变

从相对变化的角度看,上面讨论的图像的旋转也可看作对几何坐标系进行的一定修改。仿射变换是一类常见的几何变换,设原图像坐标为(i,j),变换后图像的坐标为(i',j'),则满足

$$\begin{cases} i' = ai + bj + \Delta i \\ j' = ci + dj + \Delta j \end{cases} \quad (ad - bc \neq 0)$$

的变换称为仿射变换。

用矩阵形式表示仿射变换为

$$[i',j',1] = [i,j,1]\begin{bmatrix} a & c & 0 \\ b & d & 0 \\ \Delta i & \Delta j & 1 \end{bmatrix}$$

根据仿射变换的定义,可得到以下几个常用变换公式。

图像平移,有

$$[i',j',1] = [i,j,1]\begin{bmatrix} 1 & 0 & 0 \\ 0 & 1 & 0 \\ \Delta i & \Delta j & 1 \end{bmatrix}$$

图像旋转,有

$$[i',j',1] = [i,j,1]\begin{bmatrix} \cos\theta & \sin\theta & 0 \\ -\sin\theta & \cos\theta & 0 \\ 0 & 0 & 1 \end{bmatrix}$$

图像镜像,有

$$[i',j',1] = [i,j,1]\begin{bmatrix} -1 & 0 & 0 \\ 0 & 1 & 0 \\ 0 & 0 & 1 \end{bmatrix} \quad (i \text{ 方向镜向})$$

$$[i',j',1] = [i,j,1]\begin{bmatrix} 1 & 0 & 0 \\ 0 & -1 & 0 \\ 0 & 0 & 1 \end{bmatrix} \quad (j \text{ 方向镜向})$$

图像错切,有

$$[i',j',1]=[i,j,1]\begin{bmatrix}1&0&0\\b&1&0\\0&0&1\end{bmatrix}\quad(i\,方向错切)$$

$$[i',j',1]=[i,j,1]\begin{bmatrix}1&d&0\\0&1&0\\0&0&1\end{bmatrix}\quad(j\,方向错切)$$

MATLAB 用 imwarp 函数实现图像的几何变换,常用语法格式为

```
B = imwarp(A,tform,Interp)
```

其中,A、B 参数同前;tform 为变换矩阵;Interp 为插值方式(默认为线性插值)。

例 3-13 利用坐标系的几何变换实现图像旋转。

```
I = imread('Elaine.tiff');
tform = …
    affine2d([cosd(30) sind(30) 0; -sind(30) cosd(30) 0; 0 0 1]);
J = imwarp(I,tform);
figure
imshow(J)
```

程序运行结果如图 3-12 所示。

除上面介绍的代数运算和几何变换外,对二值图像还可进行"与""或""非"等逻辑运算,也可把它们组合起来构成其他逻辑表达式。

设"A""B"为两幅二值图像,则 and(A,B)、or(A,B)、not(A)、xor(A,B)分别对应"与""或""非""异或"运算。对二值图像,可通过上述操作实现子图像提取、修改等操作。

图 3-12 通过坐标变换实现图像旋转

扩展阅读

像素坐标: 将图像视为数值矩阵时,像素坐标主要有两种表示模式:矩阵坐标系和几何坐标系。由于二者参数顺序和命名习惯的差异,容易在编程时引入错误。其中矩阵坐标系采用 (r,c) 形式,原点在左上角,r 表示向下递增的行索引,c 表示向右递增的列索引,常用于矩阵运算;而几何坐标系采用 (x,y) 形式,虽原点与矩阵坐标系相同,但 x 代表水平向右的位置(对应 c),y 代表垂直向下的位置(对应 r)。二者尽管本质等价($r=y,c=x$),但参数顺序的差异容易引发使用错误。因此,编写代码时需明确当前应用的坐标约定,以免列错位导致错误。

本 章 实 验

实验一 图像亮度的自适应调整

一、实验目的

(1) 掌握图像的代数运算。

（2）了解人眼对亮度的感应规律。

二、实验原理

参考 3.1 节"代数运算"相关内容。

三、实验内容

越来越多的智能手机和计算机具有了屏幕亮度的自动调整功能，即通过光线感应器，根据外界光线的亮度对屏幕亮度进行自动调整。外界光线越亮，屏幕越亮；反之，外界光线越暗，则屏幕光线也越暗。

通过 MATLAB 编程，实验仿真屏幕的自动调整功能，可引入一个变量代替外界光线亮度。

四、实验报告要求

（1）描述实验的基本原理和步骤。

（2）完整的原代码，用数据和图片给出各个步骤取得的实验结果，并进行必要的讨论。

（3）查找网络，了解人眼对亮度的感应规律。如何使你的算法与人眼对亮度的感应规律相结合？进一步编程验证你的想法。

实验二　使用基本运算添加图像水印

一、实验目的

（1）熟悉图像基础运算的实现。

（2）了解图像运算的物理应用背景。

二、实验原理

参考 3.1 节"代数运算"相关内容。

三、实验内容

本书电子资源提供了 Mark.bmp 和 Happy.jpg 两幅图像，如图 3-13 所示。

(a) 二值水印图像Mark.bmp　　(b) 原始灰度图像Happy.jpg

图 3-13　使用图像的基本运算加水印

将水印信息通过 MATLAB 编程至原始图像中，具体效果如图 3-14 所示。

四、实验报告要求

（1）描述实验的基本原理和步骤。

（2）取得的中间结果，并进行必要分析讨论。

（3）完整的原代码。

（4）上面的水印显然会对原图进行遮挡，尝试进一步改进算法，使水印具有一定程度的透明，具体如图 3-15 所示。

图 3-14　水印添加效果

图 3-15　半透明水印添加效果

实验三　仿射变换的 MATLAB 实现

一、实验目的

（1）掌握仿射变换的数学模型。

（2）掌握用 imwarp 实现仿射变换。

二、实验原理

参考 3.2 节"几何变换"相关内容。

三、实验内容

读入一幅图像,使用 imwarp 函数对该图像实现本书介绍的几种仿射变换。仔细分析相应数学模型的物理意义。

四、实验报告要求

（1）描述实验的基本原理和步骤。

（2）用数据和图片给出各个步骤中取得的实验结果,并进行必要的讨论。

（3）完整的原代码。

实验四　图像的光照不均匀校正

一、实验目的

理解图像代数运算的物理意义。

二、实验原理

参考 3.1 节"代数运算"部分的相关内容。

三、实验内容

在例 3-6 中,图 3-6 的左边第一子图是一幅光照不均匀图像,中间子图是对其进行照不均匀校正后的结果。遗憾的是,校正效果并不理想(图像下部亮度极不均匀)。在分析原算法机理的基础上,尝试对代码进行改进,使光照不均匀的校正效果得到提升。

四、实验报告要求

（1）算法机理分析清晰。

（2）用数据和图片给出各个步骤中取得的实验结果,并进行必要讨论。

（3）完整的原代码。

第 4 章　图像的频域操作

> ➤ **内容提要**
> 本章介绍 MATLAB 环境中数字图像的频域操作,包括常用频域变换的理论基础、程序实现及相关示例。
> ➤ **知识要点**
> ◇ 傅里叶变换。
> ◇ 离散余弦变换。
> ◇ 小波变换。
> ◇ Radon 变换。
> ◇ Hough 变换。
> ➤ **教学建议**
> ◇ 本章教学安排建议 12 课时左右(傅里叶变换、离散余弦变换 4 课时;小波变换 4 课时;Radon 变换与 Hough 变换 4 课时)。
> ◇ 对各变换的数学模型进行简单介绍。
> ◇ 重点介绍各变换的 MATLAB 实现及物理意义。

按处理对象不同,数字图像处理的方法可分为两类:空域方法和频域方法。空域方法是直接对图像矩阵进行操作;频域方法则是先将图像从空域变换到频域(变换域),然后在变换域对图像进行处理,最终经逆变换操作得到处理后的图像。与空域方法相比,变换域方法从一个截然不同的角度对图像进行处理,其在图像增强、图像复原及压缩编码等方面得到广泛应用。

4.1　傅里叶变换

傅里叶变换是一个经典的线性系统分析工具,它将图像从空域变换到傅里叶频域,并进行相应处理。傅里叶变换在特征提取、频域滤波、图像恢复、纹理分析等诸多图像处理领域有着广泛应用。

4.1.1　连续傅里叶变换

1. 一维连续傅里叶变换

设 $f(x)$ 为自变量 x 的连续函数,且其在 $(-\infty, +\infty)$ 上绝对可积,则傅里叶变换定义为

$$F(u) = \int_{-\infty}^{+\infty} f(x) e^{-j2\pi ux} \, dx$$

其反变换为

$$f(x) = \int_{-\infty}^{+\infty} F(u) e^{j2\pi ux} \, du$$

其中，j 为虚数单位。$f(x)$ 只有有限个第一类间断点、有限个极值点且绝对可积。

正、反傅里叶变换的唯一区别是幂的符号。$F(u)$ 是一个复函数，由实部和虚部组成：

$$F(u) = R(u) + jI(u)$$

$$|F(u)| = \sqrt{R^2(u) + I^2(u)}$$

$$\theta(u) = \arctan\left[\frac{I(u)}{R(u)}\right]$$

其中，$F(u)$ 称为频谱（傅里叶谱）；$\theta(u)$ 称为相位谱。$E(u) = F^2(u)$ 为能量谱。

2. 二维连续傅里叶变换

由一维傅里叶变换很容易推广到二维傅里叶变换。

若 $f(x, y)$ 连续可积，则有以下傅里叶变换：

$$F(u, v) = \int_{-\infty}^{+\infty} \int_{-\infty}^{+\infty} f(x, y) e^{-j2\pi(ux + vy)} \, dx \, dy$$

逆变换为

$$f(x, y) = \int_{-\infty}^{+\infty} \int_{-\infty}^{+\infty} F(u, v) e^{j2\pi(ux + vy)} \, du \, dv$$

类似一维傅里叶变换，二维傅里叶变换也可以写成以下形式：

$$F(u, v) = R(u, v) + jI(u, v)$$

频谱为

$$|F(u, v)| = \sqrt{R^2(u, v) + I^2(u, v)}$$

相位谱为

$$\theta(u, v) = \arctan\left[\frac{I(u, v)}{R(u, v)}\right]$$

能量谱为

$$p(u, v) = |F(u, v)|^2 = R^2(u, v) + I^2(u, v)$$

频谱表明了各分量出现的多少，相位谱则表明各分量出现的位置（方位）。

4.1.2　离散傅里叶变换

图像在计算机内是离散化存储的，连续傅里叶变换不适用于数字图像处理。故在计算机中一般采用离散傅里叶变换（DFT）。离散傅里叶变换的定义如下：

假设 x 的离散值是 $0,1,2,\cdots,M-1$，则一维离散傅里叶变换的正反公式分别为

$$F(u) = \frac{1}{M} \sum_{x=0}^{M-1} f(x) e^{-j2\pi ux/M}, \quad u = 0,1,2,\cdots,M-1$$

$$f(x) = \sum_{u=0}^{M-1} F(u) e^{j2\pi ux/M}, \quad x = 0,1,2,\cdots,M-1$$

假设 $f(x, y)$ 是一个离散空间中的二维函数，其中 x 的离散值是 $0,1,2,\cdots,M-1$，y 的

离散值是 $0,1,2,\cdots N-1$,则相应二维傅里叶变换公式为

$$F(u,v) = \frac{1}{MN} \sum_{x=0}^{M-1} \sum_{y=0}^{N-1} f(x,y) e^{-j2\pi(ux/M+vy/N)}$$

其中,$u=0,1,2,\cdots,M-1$;$v=0,1,2,\cdots,N-1$。相应的逆傅里叶变换公式为

$$f(x,y) = \sum_{u=0}^{M-1} \sum_{v=0}^{N-1} F(u,v) e^{j2\pi(ux/M+vy/N)}$$

其中,$x=0,1,2,\cdots,M-1$;$y=0,1,2,\cdots,N-1$。

4.1.3 离散傅里叶变换的实现

一维离散傅里叶变换的乘法运算的复杂度是 M^2,运算量太大。快速傅里叶变换(FFT)是离散傅里叶变换的快速算法,它是根据离散傅里叶变换的奇、偶、虚、实等特性,对离散傅里叶变换的算法进行改进使算法复杂度降为 $M\log_2 M$。尽管快速傅里叶变换在理论上并没有新的发现,但是对于在计算机系统或者数字系统中应用离散傅里叶变换,可以说是前进了一大步。MATLAB 使用 fft 函数实现快速傅里叶变换,相应逆变换函数为 ifft。fft 的语法格式为

```
Y = fft(X,n,dim)
```

其中,X 为待进行处理的信号;Y 为输出结果。n 和 dim 为可选参数,如果 X 的长度大于 n 则将 X 的长度截取为 n,反之若 X 的长度小于 n,则对 X 进行 0 填充。当 X 是多维矩阵时,dim 选项用来指定对哪一维进行变换,如 X 为矩阵时,fft(x,n,2)表示对每行进行快速傅里叶变换。ifft 也有类似的语法。

例 4-1 一维离散傅里叶变换的实现。

```
Fs = 1000;              % 采样频率
T = 1/Fs;               % 采样周期
L = 1000;               % 信号长度
t = (0:L-1) * T;        % 时间向量
% 构造有两个主要频率的合成含噪信号
S = 0.7 * sin(2 * pi * 50 * t) + sin(2 * pi * 120 * t);
X = S + 2 * randn(size(t));
  % 进行快速傅里叶变换
Y = fft(X);
P2 = abs(Y);
plot(P2(1:end/2));
```

程序运行结果如图 4-1 所示。

由图 4-1 可以看出一维信号的傅里叶频谱有两个主要成分,这与信号由两个主要频率合成的实际相一致。

数字图像为二维信号,若对其实现快速傅里叶变换,可采取如下步骤:

(1) 首先将原始图像进行转置。

(2) 按行对转置后的图像做一维 FFT,将变换后的中间矩阵再转置。

(3) 对转置后的中间矩阵做一维 FFT,最后得到的就是二维 FFT。

MATLAB 的快速傅里叶变换函数为 fft2,相应逆变换函数为 ifft2。fft2 的语法格

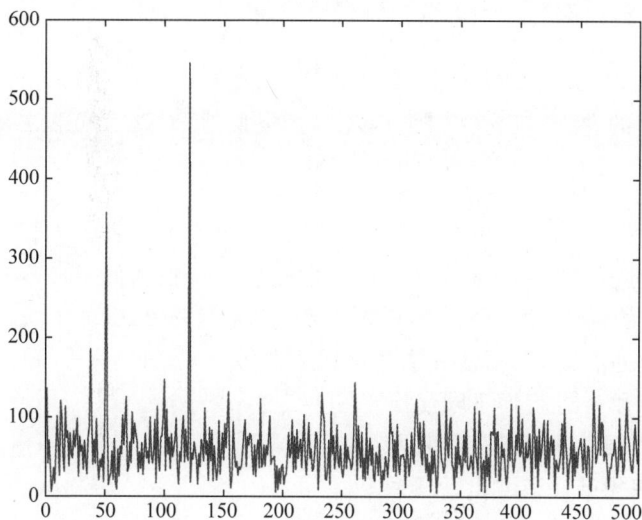

图 4-1 一维离散快速傅里叶变换

式为

```
Y = fft2(X,m,n)
```

其中,参数与 fft 函数类似,m、n 为可选项,用于指定是否需对 X 的元素进行剪切或填充。ifft2 具有与 fft2 类似的语法格式。

例 4-2 绘制一个二维图像矩阵,并可视化相应的傅里叶变换结果。

```
f = zeros(256,256);
f(30:144,78:102) = 1;
imshow(f);
F = fft2(f);
F2 = log(abs(F));
figure,imshow(F2,[-1,5]);
```

程序运行结果如图 4-2 所示。

图 4-2 二维离散傅里叶变换示例

4.1.4 快速卷积的离散傅里叶变换实现

傅里叶变换的一个重要特征是两个傅里叶变换的乘积与相应空间函数的卷积相对应。经常用此性质实现快速卷积。

设 $f(x)$ 与 $g(x)$ 是实数轴上的两个可积函数,积分

$$\int_{-\infty}^{+\infty} f(t)g(x-t)\mathrm{d}t$$

称为 $f(x)$ 与 $g(x)$ 的卷积,记为 $f(x) * g(x)$。类似地,对两个可积二元函数 $f(x,y)$ 与 $g(x,y)$ 的卷积为

$$f(x,y) * g(x,y) = \int_{-\infty}^{+\infty}\int_{-\infty}^{+\infty} f(u,v)g(x-u,y-v)\mathrm{d}u\,\mathrm{d}v$$

类似傅里叶变换,卷积运算也有相应的离散化表示。根据傅里叶变换的乘积与相应空间函数卷积相对应的性质,对 $m \times n$ 的矩阵 $\boldsymbol{A}$ 和 $p \times q$ 矩阵 $\boldsymbol{B}$,有如下快速卷积算法:

(1) 对 $\boldsymbol{A}$ 和 $\boldsymbol{B}$ 进行 0 填充,使其维数达到至少 $(m+p-1) \times (n+q-1)$。

(2) 分别对 $\boldsymbol{A}$ 和 $\boldsymbol{B}$ 进行傅里叶变换。

(3) 将(2)中的两个傅里叶变换相乘。

(4) 对(3)的乘积进行逆傅里叶变换。

例 4-3 快速计算两个矩阵的卷积。

```
A = [1 2 3; 4 5 6; 7 8 9];
B = ones(3);
% 扩展矩阵维数
A(8,8) = 0;
B(8,8) = 0;
% 对 A、B 进行傅里叶变换并乘积后进行逆变换
C = ifft2(fft2(A).* fft2(B));
% 取有效数据
C = C(1:5,1:5);
C = real(C)
```

相应程序的运算结果为

```
C =
    1.0000     3.0000     6.0000     5.0000     3.0000
    5.0000    12.0000    21.0000    16.0000     9.0000
   12.0000    27.0000    45.0000    33.0000    18.0000
   11.0000    24.0000    39.0000    28.0000    15.0000
    7.0000    15.0000    24.0000    17.0000     9.0000
```

卷积运算在图像处理中的一个重要应用就是模板匹配定位。具体算法是:以待定位的目标为模板,在待识别图像上滑动并进行匹配运算,并通过对运算结果取适当阈值,确定目标位置。

例 4-4 利用傅里叶变换实现模板匹配定位。

```
% 读入识别图像
bw = imread('text.png');
imshow(bw);
% 将待识别目标(字母 a)从图像中切割出来
a = bw(29:46,86:101);
imshow(bw);
figure,imshow(a);
% 将字母 a 和待识别图像进行快速傅里叶变换并计算卷积
```

```
a(256,256) = 0;
C = real(ifft2(fft2(bw) .* fft2(rot90(a,2),256,256)));
figure,imshow(C,[]);
% 选取阈值进行目标定位
thresh = 60;
figure,imshow(C > thresh);
```

程序运行结果如图 4-3 所示。

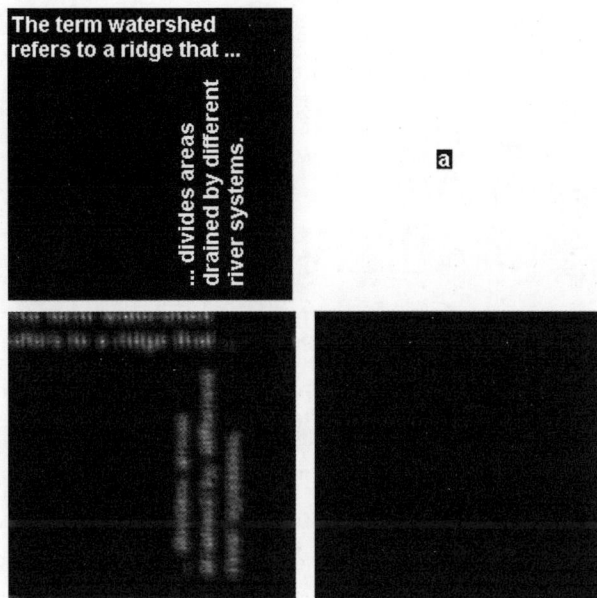

图 4-3　使用傅里叶变换实现模板匹配示例

📖 扩展阅读

　　傅里叶：1768—1830 年，法国物理学家、数学家，幼年父母双亡成为孤儿，由教会抚养长大。他提出的傅里叶级数理论在 1807 年提交至法国科学院时遭到拉格朗日等权威数学家的强烈质疑而未能发表，被批评"缺乏数学严谨性"。尽管遭遇阻力，傅里叶仍坚持发展这一理论，并最终由他的学生狄利克雷在 1829 年完善了收敛性的相关证明，取得关键性突破。这也使得傅里叶变换理论在其去世后（1830 年）终于获得学界广泛认可。其 1822 年出版的《热的解析理论》也因此被重新评价，并成为现代信号处理、热传导分析和图像处理等领域的奠基之作。这位曾随拿破仑远征埃及的学者，其开创性工作至今仍深刻影响着物理、数学和工程学等的发展。

4.2　离散余弦变换

　　在傅里叶变换中，如果函数关于原点对称，则其级数中将只有余弦函数，且这些余弦基也满足正交性。受这一现象的启示，离散余弦变换被提出。离散余弦变换可把图像的信息都集中在一小部分变换系数中，因此在图像压缩中非常有用，是 JPEG 算法的基础。

4.2.1 离散余弦变换定义

一维离散余弦正反变换公式分别为

$$F(u) = \frac{2}{\sqrt{M}} c(u) \sum_{x=0}^{M-1} f(x) \cos \frac{(2x+1)u\pi}{2M}, \quad u = 0, 1, \cdots, M-1$$

其中函数

$$c(u) = \begin{cases} 1/\sqrt{2}, & u = 0 \\ 1, & u = 1, 2, \cdots, M-1 \end{cases}$$

$$f(x) = \frac{2}{\sqrt{M}} \sum_{u=0}^{M-1} c(u) F(u) \cos \frac{(2x+1)u\pi}{2M}, \quad x = 0, 1, \cdots, M-1$$

二维离散余弦变换的定义为

$$F(u,v) = \frac{2}{\sqrt{MN}} c(u) c(v) \sum_{x=0}^{M-1} \sum_{y=0}^{N-1} f(x,y) \cos \frac{(2x+1)u\pi}{2M} \cos \frac{(2y+1)v\pi}{2N}$$

其中,$x, u = 0, 1, \cdots, M-1; y, v = 0, 1, \cdots, N-1$。

其中

$$c(u) = \begin{cases} 1/\sqrt{2}, & u = 0 \\ 1, & u = 1, 2, \cdots, M-1 \end{cases}$$

$$c(v) = \begin{cases} 1/\sqrt{2}, & v = 0 \\ 1, & v = 1, 2, \cdots, N-1 \end{cases}$$

二维逆离散余弦变换(IDCT)的定义如下:

$$f(x,y) = \frac{2}{\sqrt{MN}} \sum_{u=0}^{M-1} \sum_{v=0}^{N-1} c(u) c(v) F(u,v) \cos \frac{(2x+1)u\pi}{2M} \cos \frac{(2y+1)v\pi}{2N}$$

4.2.2 离散余弦变换的实现

MATLAB 图像处理工具箱使用 dct2 和 idct2 进行图像的离散余弦变换和逆变换。dct2 的语法格式为

```
B = dct2(A,M,N)
```

其中,A 为待变换图像;B 为变换后的系数矩阵;M 和 N 为可选参数,用于指定是否对矩阵 A 的维数进行填充或截取。

例 4-5 对一幅灰度图像进行离散余弦变换。

```
RGB = imread('autumn.tif');
% 将彩色图像转换为灰度图像
I = rgb2gray(RGB);
imshow(I);
% 对灰度图像进行离散余弦变换
J = dct2(I);
% 显示变换结果
figure,imshow(log(abs(J)),[]);
```

程序运行结果如图 4-4 所示。

图 4-4   离散余弦变换示例

例 4-6   将例 4-5 中离散余弦变换后的矩阵中绝对值小于 10 的系数设为 0,然后重构图像。

```
RGB = imread('autumn.tif');
I = rgb2gray(RGB);
imshow(I);
J = dct2(I);
J(abs(J)<10) = 0;
K = idct2(J);
figure,imshow(K,[0,255])
```

代码运行结果如图 4-5 所示。

(a) 原始图像   (b) 变换处理后的图像

图 4-5   余弦变换系数修改对图像的影响示例

📖 扩展阅读

JPEG 图像压缩:JPEG(Joint Photographic Experts Group)是同名专家小组开发的一种图像压缩技术标准。该标准由国际标准化组织(ISO)制定,面向连续色调静止图像,1992年正式通过。JPEG 格式目前依然是最常用的图像文件格式,后缀名为.jpg 或.jpeg。JPEG标准通过将图像分块(8 像素×8 像素)并应用 DCT,将空域像素转换为频域系数,其中低频分量集中在左上角(反映整体亮度),高频分量位于右下角(记录细节)。量化阶段通过大幅压缩或舍弃高频系数(基于人眼对高频不敏感的特性),实现数据量的显著减少,而逆 DCT(IDCT)在解码时重建图像。DCT 的能量集中特性使 JPEG 能以可控信息损失换取高压缩比,但过度压缩会导致高频细节丢失和块效应,这是 DCT 在 JPEG 中"有损压缩"的本质原因。

4.3   小 波 变 换

经傅里叶变换和余弦变换所得到的频域丢失了原始信号的时空信息,以致使用频谱分析只能获取原始信号的主要频率,却不能确定这些频率发生的时空坐标。小波变换能够同

第4章

图像的频域操作

时兼顾时空和频率信息,在图像增强、图像分割、纹理提取等方面有着广泛的应用[10]。

4.3.1 小波变换的定义

设 $f(x)$ 是平方可积函数,$\psi(x)$ 被称为基本小波或母小波函数,则

$$WT_f(a,b) = \frac{1}{\sqrt{a}} \int_{-\infty}^{+\infty} f(x) \psi^* \left(\frac{x-b}{a} \right) dx$$

称为 $f(x)$ 的小波变换,上式中,$a>0$ 是尺度因子,$b \in R$ 是位移,其中

$$\psi_{ab}(x) = \frac{1}{\sqrt{a}} \psi \left(\frac{x-b}{a} \right)$$

上式的基本小波 $\psi(x)$ 可以是复信号或实信号(* 为共轭运算)。

连续小波的反变换公式为

$$f(x) = \frac{1}{C_\psi} \int_0^\infty \frac{da}{a^2} \int_{-\infty}^{+\infty} WT_f(a,b) \frac{1}{\sqrt{a}} \psi \left(\frac{x-b}{a} \right) db$$

式中,$C_\psi = \int_0^\infty \frac{|\psi(\omega)|^2}{\omega} d\omega$ 。

离散小波变换是通过在 $L^2(R)$ 上的 Mallat 多分辨分析[10]来实现的,设 $L^2(R)$ 空间上某一个多分辨分析为 $V_j, j \in Z$,具有如下性质:

(1) $\{0\} \cdots \subset V_{-1} \subset V_0 \subset V_1 \cdots L^2(R)$。

(2) $\bigcap_{j \in Z} V_j = \{0\}$, $\overline{\bigcup_{j \in Z} V_j} = L^2(R)$。

(3) $f(t) \in V_j \Leftrightarrow f(2t) \in V_{j+1}$。

(4) $f(t) \in V_0 \Leftrightarrow f(t-n) \in V_0, n \in Z$。

(5) 存在一个基 $\varphi \in V_0$,使得 $\{\varphi(t-n), n \in Z\}$ 是 V_0 的 Reisz 基。

(6) $V_{j+1} = V_j \bigoplus W_j, j \in Z$。

其中,W_j 是 V_j 的正交补;V_0 中有低通函数 $\varphi(x)$,使得 $\{\varphi_{j,k}(x), k \in Z\}$ 构成 $\{V_j, j \in Z\}$ 的标准正交基;W_0 中有带通函数 $\psi(x)$,使得 $\{\psi_{j,k}(x), k \in Z\}$ 构成 $\{V_j, j \in Z\}$ 的正交补空间 $\{W_j, j \in Z\}$ 的标准正交基。

多分辨分析的基本思想就是求信号函数 $f(x)$ 在 $\{V_j, j \in Z\}$ 空间中的投影系数,从而将信号分解成在不同尺度上的近似分量和细节分量。令信号 $f(x)$ 的近似分量和细节分量分别为 $c_{j,k}$ 和 $d_{j,k}$,则有如下小波的分解关系式:

$$c_{j,k} = \frac{1}{\sqrt{2}} \sum_{n \in Z} h_n c_{j+1,n+2k}$$

$$d_{j,k} = \frac{1}{\sqrt{2}} \sum_{n \in Z} g_n c_{j+1,n+2k}$$

其中,$c_{j,k}$ 是 $f(x)$ 在分辨率为 $1/j$ 下的离散逼近;$d_{j,k}$ 是 $f(x)$ 在分辨率为 $1/j$ 下的离散细节信号,即小波变换。$\{h_n, g_n\}$ 是对应于 $\{\varphi, \psi\}$ 的滤波器。用相似的思路可以得到小波的合成过程,其基本关系式可以表示为

$$c_{j+1,n} = \frac{1}{\sqrt{2}} \sum_k h_{n-2k} c_{j,k} + \sum_k g_{n-2k} d_{j,k}$$

任何一个 $L^2(R)$ 上的一维小波基 $\{\psi_{j,k}\}_{j,k \in Z}$ 都可以推广到二维 $L^2(R^2)$ 空间上。同一

维情况类似,定义 W_j^2 是 V_j^2 在 V_{j+1}^2 空间的正交补,则有

$$V_{j+1}^2 = V_j^2 \oplus W_j^2$$

$\{W_j^2\}$ 就是 $L^2(R^2)$ 上的小波子空间,且

$$L^2(R^2) = \bigoplus_{j=-\infty}^{+\infty} W_j^2$$

W_j^2 的小波基有 3 个:

$$\begin{cases} \psi^1(x,y) = \phi(x)\psi(y) \\ \psi^2(x,y) = \psi(x)\phi(y) \\ \psi^3(x,y) = \psi(x)\psi(y) \end{cases}$$

其中,ϕ 是 V_0 上的尺度函数;ψ 是 W_0 上的小波函数。二维 Mallat 分解算法如下:

$$\begin{cases} c_{j,m_1,m_2} = \sum_{k_1 \in Z} \sum_{k_2 \in Z} h_{k_1-2m_1} h_{k_2-2m_2} c_{j+1,k_1,k_2} \\ d_{j,m_1,m_2}^1 = \sum_{k_1 \in Z} \sum_{k_2 \in Z} h_{k_1-2m_1} g_{k_2-2m_2} c_{j+1,k_1,k_2} \\ d_{j,m_1,m_2}^2 = \sum_{k_1 \in Z} \sum_{k_2 \in Z} g_{k_1-2m_1} h_{k_2-2m_2} c_{j+1,k_1,k_2} \\ d_{j,m_1,m_2}^3 = \sum_{k_1 \in Z} \sum_{k_2 \in Z} g_{k_1-2m_1} g_{k_2-2m_2} c_{j+1,k_1,k_2} \end{cases}$$

其中,$\{h_k, g_k\}$ 依然为对应于一维尺度函数和小波 $\{\phi, \psi\}$ 的滤波器。

重构公式如下:

$$\begin{aligned} c_{j+1,k_1,k_2} = &\sum_{m_1 \in Z} \sum_{m_2 \in Z} h_{k_1-2m_1} h_{k_2-2m_2} c_{j,m_1,m_2} + \\ &\sum_{m_1 \in Z} \sum_{m_2 \in Z} h_{k_1-2m_1} g_{k_2-2m_2} d_{j,m_1,m_2}^1 + \\ &\sum_{m_1 \in Z} \sum_{m_2 \in Z} g_{k_1-2m_1} h_{k_2-2m_2} d_{j,m_1,m_2}^2 + \\ &\sum_{m_1 \in Z} \sum_{m_2 \in Z} g_{k_1-2m_1} g_{k_2-2m_2} d_{j,m_1,m_2}^3 \end{aligned}$$

由前面分析可知,二维小波有 3 个小波基,尺度函数仍然只有一个,因此二维信号经过小波分解后,应该得到 4 个子图:LL 子图、LH 子图、HL 子图和 HH 子图,这 4 幅子图有如下性质:

(1) LL 子图:相应的正交基是 $\{\phi_{j,k_1,k_2} | k_1, k_2 \in Z\}$。无论在水平方向还是在垂直方向都具有低通特性,保留了原始图像的近似信息。

(2) LH 子图:相应的正交基是 $\{\psi_{j,k_1,k_2}^1 | k_1, k_2 \in Z\}$。主要保留图像垂直方向的边界点。

(3) HL 子图:相应的正交基是 $\{\psi_{j,k_1,k_2}^2 | k_1, k_2 \in Z\}$。主要保留图像水平方向的边界点。

(4) HH 子图:相应的正交基是 $\{\psi_{j,k_1,k_2}^3 | k_1, k_2 \in Z\}$。主要保留原始图像在水平方向和垂直方向都变化较快的边界点。

对图像的 LL 子图继续进行小波分解,从而得到图像小波分解的四叉树结构如图 4-6 所示。

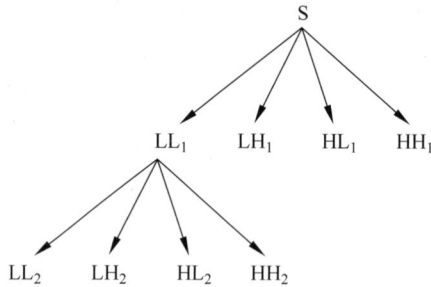

图 4-6 数字图像小波分解的四叉树结构

4.3.2　离散小波变换的实现

MATLAB采用 wavedec2 函数进行多层小波分解,其常用语法格式如下:

```
[C,S] = wavedec2(X,N,'wname')
[C,S] = wavedec2(X,N,Lo_D,Hi_D)
```

其中,X 是输入信号;N 为分解层数(默认为 1);Lo_D 为指定的低通滤波器组;Hi_D 为指定的高通滤波器组;C 为行向量,用来存储各层分解系数,C 的结构如下:

```
C = [A(N) H(N) V(N) D(N) H(N-1) V(N-1) D(N-1) H(N-2) V(N-2) D(N-2)
    … H(1) V(1) D(1)]
```

A、H、V、D 分别与 LL、HL、LH、HH 四个子图数据相对应。S 记录各层分解系数长度,即第一行是 A(N)的长度,第二行是 H(N)、V(N)、D(N)的长度,第三行是 H(N−1)、V(N−1)、D(N−1)的长度,倒数第二行是 H(1)、V(1)、D(1)长度,最后一行是 X 的长度(大小)。

例 4-7　wavedec2 函数的输出结构理解。

```
load woman;
[c,s] = wavedec2(X,2,'db1');
sizex = size(X)
sizec = size(C)
val_s = s
```

输出结果为

```
sizex =    256       256
sizec =    1         65536
val_s =    64        64
           64        64
           128       128
           256       256
```

MATLAB 中 waverec2 函数的功能是利用分解得到的 C、S 进行多层小波分解的逆变换(重构),常用语法格式为

```
X = waverec2(C,S,'wname')
X = waverec2(C,S,Lo_R,Hi_R)
```

其中,各参数的定义同 wavedec2 函数。

MATLAB 还提供了 appcoef2 函数提取多层 2 维小波分解的近似分量,常用语法格式为

```
A = appcoef2(C,S,'wname',N)
A = appcoef2(C,S,Lo_R,Hi_R,N)
```

其中,N 为可选参数,表示返回第 N 层的近似分量,默认为最后一层。A 用来存储返回结果,其他参数的含义同上面函数。MATLAB 使用 detcoef2 函数提取多维小波分解的细节分量,常用语法格式为

```
D = detcoef2(O,C,S,N)
```

其中,D 为得到的细节分量;O 是细节分量的类型('h'表示水平细节;'v'表示垂直细节;'d'表示对角线细节)。其余参数的含义同 appcoef2。

例 4-8 对图像进行多层小波分解。

```
load wbarb;
imshow(X,[]);
% 对图像进行两层小波分解
[C S] = wavedec2(X,2,'bior3.7');
% 提取分解系数
cA2 = appcoef2(C,S,'bior3.7',2);
cH2 = detcoef2('h',C,S,2);
cV2 = detcoef2('v',C,S,2);
cD2 = detcoef2('d',C,S,2);
cA1 = appcoef2(C,S,'bior3.7',2);
cH1 = detcoef2('h',C,S,1);
cV1 = detcoef2('v',C,S,1);
cD1 = detcoef2('d',C,S,1);
figure,imshow([mat2gray(cA1) mat2gray(cH1); …
                mat2gray(cV1) mat2gray(cD1)],[]);
% 重构原图像
Y = waverec2(C,S,'bior3.7');
norm(double(X) - double(Y))
```

上述代码运行结果如图 4-7 所示。

图 4-7 图像的多层小波分解示例

原始图像 X 与重建图像 Y 的差异为 1.5×10^{-11}，这表明了小波变换的精度。

📖 扩展阅读

从傅里叶变换到小波变换：傅里叶变换虽然建立了信号频域分析的数学基础，但其全局性的频率表征难以满足实际工程中对局部瞬态特征的分析需求。小波变换通过引入可伸缩和平移的基函数，实现了更精细的时频分析能力。这一技术突破使信号处理从单纯的频域分析，发展为能够同时表征时间和频率特性的新范式，为图像压缩、边缘检测等应用提供了更强大的工具。1987 年多分辨分析（MRA）的提出则标志着小波变换在理论上趋于成熟，为现代信号处理奠定了坚实基础。

感兴趣区域图像压缩：是一种智能压缩技术，通过优先保留图像中关键区域（如医学病灶、人脸等）的视觉或诊断信息，同时对非关键背景区域实施更高强度的压缩。其主要用途在于：①在有限存储或带宽条件下最大化关键信息的保真度，如医疗影像需确保病灶细节无损；②提升压缩效率，避免对非重要区域的无谓资源消耗；③适应实际应用中"重点区域高精度、背景可适度降质"的普遍需求。该技术通过差异化处理策略，在保证核心内容质量的同时显著降低数据量，尤其适用于医学影像、视频监控等对局部信息敏感的场景。

4.4 Hough 变换与 Radon 变换

4.4.1 Hough 变换

Hough 变换是一种广泛应用于计算机视觉和图像处理的变换方式，是图像中判断哪些点共线的一种有效方法，常用来在图像中查找直线。Hough 变换的原理如图 4-8 所示。

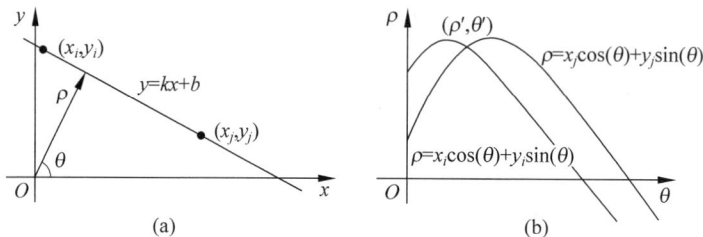

图 4-8　Hough 变换的原理

图 4-8(a)中的直线 $y = kx + b$ 可用极坐标表示为

$$\boldsymbol{\rho} = x\cos(\theta) + y\sin(\theta)$$

其中，$\boldsymbol{\rho}$ 为从原点到直线最近距离的向量。对于竖直方向的直线来说，$\theta = 0°$，ρ 等于正的 x 截距；对于水平直线有 $\theta = 90°$，ρ 等于正的 y 的截距，或 $\theta = -90°$，ρ 等于负的 y 截距。图 4-8(b)中的两条正弦曲线分别表示过特定点 (x_i, y_i) 和 (x_j, y_j) 的两个直线族。交点 (ρ', θ') 对应于通过 (x_i, y_i) 和 (x_j, y_j) 的直线。通过上面的分析可以看出，θ、ρ 空间中一点 (θ_0, ρ_0) 相交的正弦曲线的数量等于相应的共线点的数量。所以说 Hough 变换在本质上是把一幅二值图像从 (x, y) 坐标系变换到 (θ, ρ) 坐标系，变换后 (θ_0, ρ_0) 处的值的大小表示了满足参数 θ_0, ρ_0 的共线点的数量。

本书将在 9.1 节通过数字图像中的线检测给出 Hough 变换的一个具体应用。

4.4.2 Radon 变换及实现

Hough 变换用于二值(黑白)图像的线检测,而 Radon 变换则可用于灰度图像的线检测,从此意义上讲,可把 Radon 变换看作 Hough 变换的推广。同时,Radon 变换还是 CT 成像的重要理论基础。

Radon 变换是将数字图像在某一方向上进行线积分的变换方法。设 $f(x,y)$ 为一数字图像,其中,x、y 为像素坐标,则 $f(x,y)$ 沿任意角度 θ 的 Radon 变换为其在该方向的投影,定义为

$$R_\theta(x') = \int_{-\infty}^{+\infty} f(x'\cos\theta - y'\sin\theta, x'\sin\theta + y'\cos\theta)\mathrm{d}y'$$

其中

$$\begin{pmatrix} x' \\ y' \end{pmatrix} = \begin{bmatrix} \cos\theta & \sin\theta \\ -\sin\theta & \cos\theta \end{bmatrix} \begin{pmatrix} x \\ y \end{pmatrix}$$

即 (x',y') 为坐标系旋转 θ 后像素坐标 (x,y) 所对应的新坐标。Radon 变换的示意图如图 4-9 所示。

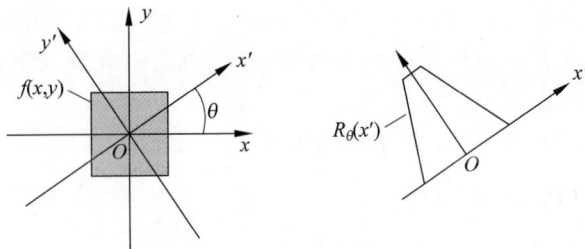

图 4-9 Radon 变换的示意图

Radon 变换求逆可借助傅里叶变换进行反向投影实现[11]。此处仅就其 MATLAB 的具体操作进行介绍。MATLAB 分别采用 radon 和 iradon 函数来实现 Radon 变换及其逆变换。

radon 函数的语法格式为

```
[R,xp] = radon(I, theta)
```

其中,I 表示需要变换的图像;R 的各行返回角度 theta 中各方向上 Radon 变换的值;xp 向量表示沿 x' 轴相应的坐标值。

例 4-9 对正方形图像在 $0°$ 和 $45°$ 方向上进行 Radon 变换。

```
I = zeros(100,100);
I(25:75,25:75) = 1;
% 显示被变换图像
imshow(I);
[R,xp] = radon(I,[0 45]);
% 显示在 0°方向的变换系数
figure,plot(xp,R(:,1));
% 显示在 45°方向的变换系数
figure,plot(xp,R(:,2));
```

上述程序的运行结果如图 4-10 所示。

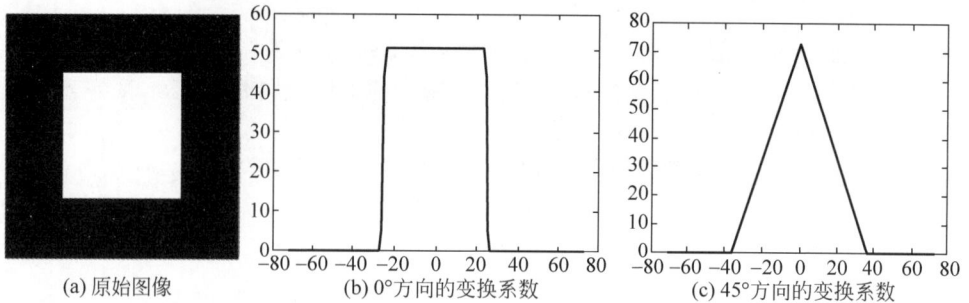

(a) 原始图像　　　　　(b) 0°方向的变换系数　　　　　(c) 45°方向的变换系数

图 4-10　Radon 变换示例

iradon 函数的语法格式为

```
I = iradon(R, theta)
```

其中，I 为重建图像；R 为 Radon 变换系数；theta 为 Radon 变换的角度参数。iradon 函数利用过滤反向投影算法来计算 Radon 逆变换，这个算法利用 R 中各列的投影来构造原始图像。若要获得更准确的图像，可以利用更多的 theta。向量 theta 必须是固定增量的，即每次角度的增加值为常数。如果知道角度的增加值标量，也可以此标量直接代替向量 theta 进行 iradon 的调用。

例 4-10　利用 radon 和 iradon 函数对图像进行 Radon 变换并重建。

```
% 产生一幅 256 灰度级的大脑图像
P = phantom(256);
subplot(2,2,1),imshow(P);title('原图');
% 定义 3 个不同的角度向量参数
theta1 = 0:10:170; theta2 = 0:5:175;
theta3 = 0:2:178;
% 采用不同角度参数进行 Radon 变换
[R1,xp] = radon(P,theta1);
[R2,xp] = radon(P,theta2);
[R3,xp] = radon(P,theta3);
% 利用不同角度参数进行 Radon 逆变换并显示结果
I1 = iradon(R1,10);I2 = iradon(R2,5);I3 = iradon(R3,2);
subplot(2,2,2),imshow(I1);title('R1 重建图像');
subplot(2,2,3),imshow(I2);title('R2 重建图像');
subplot(2,2,4),imshow(I3);title('R3 重建图像');
```

程序运行结果如图 4-11 所示。

由结果可以看出，增加 Radon 变换投影角度的数目有利于提高重构图像的质量。

扩展阅读

Radon 变换与 Hough 变换：1917 年，奥地利数学家 Johann Radon 提出的 Radon 变换，通过线积分投影这一优美的数学形式，为描述物体内部结构建立了严格的解析框架。后来，Radon 变换发展成为 CT 成像的理论基石。而美国物理学家 Paul Hough 1962 年在研究粒子轨迹检测时所提出的 Hough 变换则可视为 Radon 变换的离散化实践。并由美国计算机

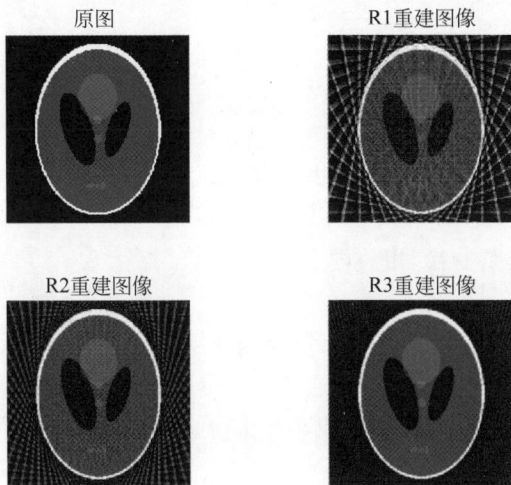

图 4-11　不同角度参数的 Radon 变换及重建

科学家 Duda 和 Hart 于 1972 年通过引入极坐标参数化,将这一变换从理论构想转化为实用的图像分析工具。把图像空间的问题转换为参数空间的统计优化,Hough 变换的这一核心思想深刻影响了现代计算机视觉。Hough 变换也从最初的直线检测理论,逐步发展为通用的形状识别工具。良好的稳定性和可解释性,使 Hough 变换在工业检测、医学影像等领域依然保持着重要地位。Randon 变换和 Hough 变换共同成为科学发展史上物理、数学、计算机相辅相成的典范。

本 章 实 验

实验一　利用傅里叶变换进行文本定位

一、实验目的
(1) 掌握离散余弦变换及逆变换。
(2) 感受不同变换系数调整对逆变换的影响。

二、实验原理
参考 4.1 节"傅里叶变换"相关内容。

三、实验内容
(1) 在例 4-4 的基础上进一步编程,实现对不同方向字母 a 的文本定位。
(2) 就一些复杂场景,如文本大小不同、光照不同等情况给出简要解决思路。

四、实验报告要求
(1) 描述实验的基本原理和步骤。
(2) 用数据和图片给出各个步骤中取得的实验结果,并进行必要的讨论。
(3) 指出该算法的关键所在。
(4) 讨论一些复杂场景的解决思路。

实验二　离散余弦变换练习

一、实验目的

（1）掌握离散余弦变换及逆变换。

（2）感受离散余弦变换不同系数的物理意义。

二、实验原理

参考 4.2 节"离散余弦变换"相关内容。

三、实验内容

（1）读入一幅灰度图像，对其进行离散余弦变换。

（2）对不同部分的系数置零并进行逆变换。分析变换结果与系数的关系。变换后的系数矩阵左上角对应低频部分，右下角对应高频部分。

四、实验报告要求

（1）描述实验的基本原理和步骤。

（2）用数据和图片给出各个步骤中取得的实验结果，并进行必要的讨论。

（3）完整的原代码。

实验三　小波变换练习

一、实验目的

（1）掌握小波变换及逆变换的 MATLAB 实现。

（2）掌握小波变换过程中各系数分量的提取方法。

二、实验原理

参考 4.3 节"小波变换"相关内容。

三、实验内容

读入一幅灰度图像，对其进行小波变换，并用下面两种方法提取各层系数：

（1）调用 appcoef2、detcoef2 函数提取。

（2）使用 wavedec2 函数，从 C、S 中提取。

四、实验报告要求

（1）描述实验的基本原理和步骤。

（2）完整的原代码。

（3）通过实验结果验证两种实现方法的等价性。

（4）必要的分析及讨论。

实验四　Radon 变换练习

一、实验目的

（1）掌握 Radon 变换及逆变换的 MATLAB 实现。

（2）理解 Radon 变换的物理意义。

二、实验原理

参考 4.4 节"Hough 变换与 Radon 变换"相关内容。

三、实验内容

设计下面代码的目的是读入一幅灰度图像,并通过 Radon 变换讨论其中的直线成分。请就代码的可行性进行讨论,并尝试给出改进策略。

```
I = imread('Lena.tiff')
BW = edge(I);
theta = 0:179;
[R,xp] = radon(BW,theta);
imshow(BW);
[xp0,theta0] = find(R == max(R(:)));
theta(theta0)
xp(xp0)
```

四、实验报告要求

(1) 描述 Radon 变换的基本原理和步骤。

(2) 结合实际输出结果对代码的可行性、正确性等进行分析。

实验五　感兴趣区域图像压缩

一、实验目的

(1) 了解图像压缩。

(2) 进一步熟悉小波变换。

二、实验原理

参考 4.3 节"小波变换"的相关内容和扩展阅读部分,以及本章实验三。

三、实验内容

读入 Lenna 图像,对其进行如下操作:

(1) 进行小波变换,通过将图像的非面部内容对应的细节系数置零,实现图像压缩。

(2) 建议与例 4-6 基于 DCT 的图像压缩格式相比较。

四、实验报告要求

(1) 描述实验所采用的基本原理和详细步骤。

(2) 给出不同方法重建效果的主观视觉比较。

(3) 尝试计算所采用算法的压缩比例。

第5章 形态学图像处理

> **内容提要**

本章介绍形态学图像处理的基本理论及 MATLAB 实现,主要分为二值形态学和灰度形态学两部分。

> **知识要点**
>   ◇ 数学形态学的集合论基础及数学定义。
>   ◇ 数学形态学定义的物理直觉。
>   ◇ 数学形态学的 MATLAB 具体实现。

> **教学建议**
>   ◇ 本章教学安排建议 4 课时左右。
>   ◇ 对数学形态学定义的理解是本章难点。
>   ◇ 理解数学形态学的物理直觉。
>   ◇ 掌握数学形态学的 MATLAB 实现。

1964 年法国的 Matheron 和 Serra 在积分几何的研究成果上,将数学形态学引入图像处理领域,1982 年出版的专著 *Image Analysis and Mathematical Morphology* 是数学形态学发展的重要里程碑,表明数学形态学在理论上趋于完备。

5.1　数学形态学的集合论基础

集合论是数学形态学的基础,下面首先对集合论的一些基本概念作总结性介绍。

集合:具有某种性质的研究对象全体,常用大写字母 $A,B,\cdots$ 表示。若某种事物不存在,则称这种事物的全体是空集,记为 $\varnothing$ 。

元素:构成集合的每个事物,常用小写字母 $a,b,\cdots$ 表示。

子集:当且仅当集合 A 的元素都属于集合 B 时,称 A 为 B 的子集,记为 $A \subseteq B$ 。

并集:由 A 和 B 的所有元素组成的集合称为 A 和 B 的并集,记为 $A \bigcup B$ 。

交集:由 A 和 B 的公共元素组成的集合称为 A 和 B 的交集,记为 $A \bigcap B$ 。

补集: A 的补集记为 A^{C} ,定义为

$$A^{\mathrm{C}} = \{x \mid x \notin A\}$$

位移:用 $x = (x_1, x_2)$ 对 A 进行位移,记为 $(A)_x$,定义为

$$(A)_x = \{y \mid y = a + x, a \in A\}$$

映像: A 的映像记为 $\hat{A}$,定义为

$$\hat{A} = \{x \mid x = -a, a \in A\}$$

差集：两个集合 A 和 B 的差记为 $A-B$，定义为

$$A - B = \{x \mid x \in A, x \notin B\} = A \bigcap B^{\mathrm{c}}$$

📖 扩展阅读

数学形态学：数学形态学的起源可追溯至 20 世纪 60 年代，由法国学者 Georges Matheron 和 Jean Serra 在研究岩石微观结构时奠基。他们将集合论与积分几何相结合，首创以结构元素探测图像特征的形态学方法，定义了膨胀、腐蚀等基本运算。最初用于矿物孔隙分析的理论，20 世纪 70 年代发展为严格的格论体系，20 世纪 80 年代推广至图像处理领域，成为噪声滤除、特征提取的重要工具。从最初的地质学研究到现代计算机视觉，形态学始终保持着"用几何结构解析形状"的核心理念。数学形态学的诞生与演进，完美诠释了"从实践中来，到实践中去"的科研范式。

5.2　二值形态学

在用形态学处理数字图像时，常把被处理的对象称为目标。为了对目标进行处理，常需采用结构元素将其分解成更小的组成部分。

1. 腐蚀

A、B 为 Z 中的集合，A 被 B 腐蚀记为 $A \ominus B$，$\ominus$ 为腐蚀算子，定义为

$$A \ominus B = \{z \mid (\hat{B})_z \subseteq A\}$$

即 A 被结构元素 B 腐蚀的结果如下：B 的映像通过平移时，其包含于 A 时所有中心元素构成的集合。

在实际操作中，结构元素可用矩阵定义，属于结构元素的部分用 1 表示，不属于结构元素的部分用 0 表示。由于二值图像中的像素灰度只有 0 或 1 两种情况，在腐蚀过程中，只要对图像的每个位置都以此矩阵为模板进行检验，若结构元素中所有元素为 1 的位置对应像素存在值为 0 的情况，则当前结构元素所在位置的像素值为 0，否则为 1。

2. 膨胀

A、B 为 Z 中的集合，$\varnothing$ 为空集，A 被结构元素 B 膨胀记为 $A \oplus B$，$\oplus$ 为膨胀算子，定义为

$$A \oplus B = \{z \mid (\hat{B})_z \bigcap A \neq \varnothing\}$$

上式表明，膨胀过程中 B 首先做关于原点的映射，然后平移 z，且要求映射平移后的 B 与 A 交集非空。如果 B 对称，则 A 被 B 膨胀可直观上解释为 B 的位移与 A 至少有一个非零元素相交时 B 的中心像素位置的集合。

类似于腐蚀运算，对膨胀运算也可描述如下：若模板中有一个为 1 的位置对应像素值为 1，则膨胀结果中对应位置像素值为 1，否则对应位置像素不存在。

3. 开运算与闭运算

开运算就是先对图像进行腐蚀，然后再对腐蚀结果进行膨胀操作。开运算符用"。"表示，具体定义为

$$A \circ B = (A \ominus B) \oplus B$$

开运算常用来平滑图像轮廓,削弱细的突出等。

闭运算是先对图像进行膨胀,然后再对膨胀的结果进行腐蚀运算。闭运算符用"·"表示,具体定义为

$$A \cdot B = (A \oplus B) \ominus B$$

闭运算也是平滑图像轮廓,与开运算不同的是,它主要是通过融合缝隙,对图像不平滑部分进行填补。

4. 算子间的对偶性

可以证明膨胀和腐蚀关于集合补和反转运算对偶,即

$$(A \ominus B)^c = A^c \oplus B^c$$
$$(A \oplus B)^c = A^c \ominus B^c$$

开运算和闭运算也有类似的对偶性,即

$$(A \cdot B)^c = A^c \circ B^c$$
$$(A \circ B)^c = A^c \cdot B^c$$

扩展阅读

形态学算子数学性质的意义:本节仅简单讨论了对偶性,其实在定义新的形态学算子时,还经常要讨论保序性、附益性、幂等性等一些数学性质。新算子往往只有满足这些性质,才被认为是"真正数学意义"的形态学算子。形态学理论上的严谨性是其实际应用中可靠性的重要保障。

5.3　灰度形态学

二值数学形态学可方便地推广到灰度图像空间。只是灰度数学形态学的运算对象不是集合,而是图像函数。以下设 $f(x)$ 是输入图像,$b(y)$ 是结构元素,其中 $x = (x_1, x_2)$,$y = (y_1, y_2)$ 为像素坐标。用结构元素 b 对输入图像 y 进行膨胀和腐蚀运算,分别定义为

$$(f \ominus b)(t) = \min\{f(t_1 - y_1, t_2 - y_2) - b(y_1, y_2) \mid t \in D_f, y \in D_b\}$$
$$(f \oplus b)(t) = \max\{f(t_1 - y_1, t_2 - y_2) + b(y_1, y_2) \mid t \in D_f, y \in D_b\}$$

对灰度图像进行腐蚀(或膨胀)操作有两类效果:

(1) 如果结构元素的值都为正的,则输出图像会比输入图像暗(或亮)。

(2) 根据输入图像中亮(或暗)细节的灰度值以及它们的形状相对于结构元素的关系,它们在运算中或被消减或被除掉。

灰度形态学中开和闭运算的定义与在二值形态学中的定义一致:

$$f \circ b = (f \ominus b) \oplus b$$
$$f \cdot b = (f \oplus b) \ominus b$$

扩展阅读

从二值形态学到灰度形态学:这一理论拓展体现了数学思想从离散到连续的自然延伸。二值图像中的集合运算通过极值操作自然推广至灰度图像处理,既完整保留了形态学的几何本质,又扩展了其应用边界。二值情形仅是灰度形态学的一个特例,当灰度图像退化

为黑白二值时,所有运算自动简化为经典集合操作,形成理论闭环。这种从特殊到普遍的理论升华,不仅延续了形态学直观的几何解释力,更使其具备了处理复杂图像的能力,充分彰显了数学抽象的强大的适应性和包容性。

5.4 形态学操作的 MATLAB 实现

MATLAB 图像处理工具箱用 imerode 函数对指定的图像进行腐蚀操作,语法格式为

```
IM2 = imerode(IM,SE)
IM2 = imerode(IM,NHOOD)
IM2 = imerode(__,PACKOPT,M)
IM2 = imerode(__,SHAPE)
gpuarrayIM2 = imerode(gpuarrayIM,__)
```

说明:IM 是输入图像,IM2 是腐蚀结构后的输出对象;SE 为结构元素,SE 可以是一个定义结构元素邻域的二进制矩阵或由 strel 函数返回的对象;NHOOD 是一个由 0 和 1 组成的数组,用来指定结构元素的大小和形状;PACKOPT、M、SHAPE 是可选参数,用来说明输入输出图像的大小、形状信息。最后一行语法格式表明该函数可以采用 GPU 形式运行。

例 5-1 使用圆形结构对一幅二值图像进行腐蚀。

```
% 读入一幅图像
originalBW = imread('circles.png');
% 定义结构元素
se = strel('disk',11);
% 施加腐蚀操作
erodedBW = imerode(originalBW,se);
% 显示结果
imshow(originalBW), figure, imshow(erodedBW)
```

程序的运行结果如图 5-1 所示。

图 5-1 二值图像腐蚀操作示例

例 5-2 使用球形结构对一幅灰度图像进行腐蚀操作。

```
originalI = imread('cameraman.tif');
se = strel('ball',5,5);
erodedI = imerode(originalI,se);
figure, imshow(originalI), figure, imshow(erodedI)
```

程序的运行结果如图 5-2 所示。

图 5-2　灰度图像腐蚀操作示例

MATLAB图像处理工具箱用 imdilate 函数对指定的图像进行膨胀操作，语法格式为

```
IM2 = imdilate(IM,SE)
IM2 = imdilate(IM,NHOOD)
IM2 = imdilate(__,PACKOPT)
IM2 = imdilate(__,SHAPE)
gpuarrayIM2 = imdilate(gpuarrayIM,__)
```

其参数与 imerode 中相同。

例 5-3　使用圆形结构对一幅二值图像进行膨胀。

```
bw = imread('text.png');
% 定义长度为 11、与水平方向夹角为 90°的线性结构
se = strel('line',11,90);
bw2 = imdilate(bw,se);
imshow(bw), title('Original')
figure, imshow(bw2), title('Dilated')
```

上述代码运行结果如图 5-3 所示。

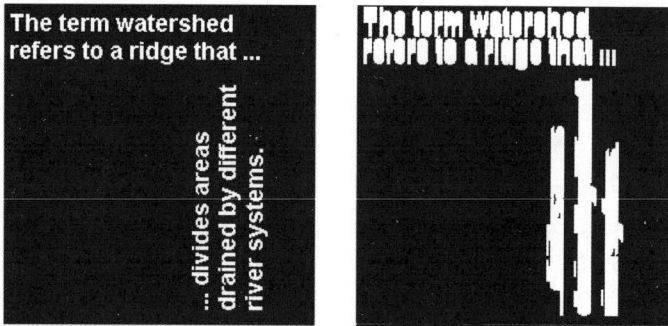

图 5-3　二值图像膨胀示例

例 5-4　使用球形结构对一幅灰度图像进行膨胀。

```
I = imread('cameraman.tif');
se = strel('ball',5,5);
I2 = imdilate(I,se);
imshow(I), title('Original')
figure, imshow(I2), title('Dilated')
```

上述代码的运行结果如图 5-4 所示。

图 5-4　灰度图像膨胀示例

由于其具有并行快速、易于硬件实现等优点,因此数学形态学引起了人们的广泛关注并得到蓬勃发展。目前,数学形态学已在计算机视觉、信号处理与图像分析、模式识别、计算方法与数据处理等方面得到了极为广泛的应用。

本 章 实 验

实验一　利用 imerode 函数和 imdilate 函数实现图像的开、闭操作

一、实验目的
(1) 掌握图像的形态学编程。
(2) 感受形态学图像操作的物理意义。

二、实验原理
参考 5.2 节"二值形态学"和 5.3 节"灰度形态学"相关内容。

三、实验内容
用 imerode 函数与 imdilate 函数分别实现图像的开、闭操作,并与 MATLAB 图像工具箱中的 imopen、imclose 比较,说明实现过程的合理性。

四、实验报告要求
(1) 描述实验的基本原理和步骤。
(2) 要求有原始代码。
(3) 要求有图片和数值结果。
(4) 通过练习数学形态学的这些基本操作,尝试给出形态学在图像处理领域的一些应用场景。

实验二　图像光照不均匀校正的形态学实现

一、实验目的
体验形态学操作的物理应用。

二、实验原理
参考 3.1 节"代数运算"和 5.4 节"形态学操作的 MATLAB 实现"的相关内容。

三、实验内容

在第 3 章例 3-6 中,图 3-6 的左边第一子图是一幅光照不均匀图像,中间子图是对其进行光照不均匀校正后的结果。遗憾的是,效果并不理想(图像下面部分)。在分析原算法机理的基础上,尝试用形态学方式进行实现,同时使光照不均匀的校正效果得到提升。

四、实验报告要求

(1) 算法机理分析清晰。

(2) 用数据和图片给出各个步骤中取得的实验结果,并进行必要讨论。

(3) 完整的源代码。

第6章 图像的空域增强

> ➤ **内容提要**

本章介绍 MATLAB 环境中数字图像的空域操作,主要包括灰度变换、直方图处理和空域滤波三部分内容。

> ➤ **知识要点**
> ◇ 空域增强的基本概念。
> ◇ 各空域增强方法的基本原理。
> ◇ 各空域增强方法的实现步骤。

> ➤ **教学建议**
> ◇ 本章教学安排建议 8 课时左右(空域滤波基本概念、灰度变换共 2 课时;直方图处理 2 课时;空域滤波 2 课时;实验专题及评讲 2 课时)。
> ◇ 本章的重点是各空域增强方法的物理直觉、基本原理及实现。
> ◇ "空域"指的是图像的像素矩阵本身,空域图像增强是直接对像素进行处理的。本章算法更多地是基于物理直觉,故这部分内容的学习应当注意算法原理与物理直觉相结合。

6.1 基本知识

空域技术是直接对像素的灰度值进行修改。空域图像处理可由下式表示:

$$g(x,y) = T[f(x,y)]$$

其中,$f(x,y)$ 为输入图像灰度;$g(x,y)$ 为输出图像灰度,(x,y) 为像素坐标;T 表示对图像 f 进行增强的操作符。其中,T 的定义域可以是单个像素,也可扩展至像素邻域、整幅图像甚至多幅图像。

📖 **扩展阅读**

图像增强与图像复原:图像增强是面向具体应用场景的针对性处理(如医学影像对比度提升、监控视频锐化),旨在优化图像的主观可用性,其方法不依赖原始图像的退化过程;而图像复原则是基于物理退化模型的逆向重建(如去模糊、去噪),追求恢复图像的客观真实性。前者是"按需美化",后者是"精准修复"。

6.2 灰度变换

图像增强操作符 T 的最简单操作形式是对单个像素进行处理,此时 (x,y) 处的输出只与当前位置像素的灰度有关,T 简化为亮度分量(彩色图像)或灰度值(灰度图像)[①]的变换函数,其形式相应写为

$$s = T(r)$$

其中,r 为输入图像的灰度;s 为相应的输出图像的灰度。

MATLAB 图像处理工具箱使用 imadjust 函数来实现图像的灰度变换,语法格式如下:

```
J = imadjust(I,[low_in; high_in],[low_out; high_out],gamma)
newmap = imadjust(map,[low_in; high_in],[low_out;high_out], gamma)
RGB2 = imadjust(RGB1,_____)
gpuarrayB = imadjust(gpuarrayA,_____)
```

其中,I 为输入图像矩阵;J 为灰度变换后的输出图像矩阵;参数 low_in 和 high_in 分别用来指定输入图像需要映射的灰度范围,low_out 和 high_out 指定输出图像的相应灰度范围。

第二行语法格式用于调整索引图像的调色板 map。此时 low_in、high_in 和 low_out、high_out 都是 2×3 矩阵,即根据它们的值对 R、G、B 三个分量进行调整。

gamma 为可选参数,一般来说,灰度映射是直线的,通过使用该参数可将 T 变为非线性映射。

此函数中的参数均进行了归一化,即其取值均在[0,1]上。最后两行语法格式表明该函数操作对象可为彩色图像且可利用 GPU。

例 6-1　读入一幅低对比度图像,对其采用灰度变换的方式增强对比度。

```
I = imread('pout.tif');
imshow(I);
K = imadjust(I,[0.3 0.7],[]);
figure,imshow(K)
```

上述代码的执行结果如图 6-1 所示。

图 6-1　灰度变换示例

---

① 　为便于描述,后面不再对"亮度"和"灰度"这两个术语进行区分。

人眼对亮度的非线性响应：人眼的亮度感知并非与物理亮度呈简单的线性关系，而是表现出显著的非线性特征。在昏暗环境中，即使微弱的亮度变化也能被轻易察觉；而在明亮环境下，同样幅度的变化却几乎难以感知。这种特性使得人眼既能敏锐捕捉阴影中的细微层次，又能在强光下避免信息过载。这种自适应机制源于视觉系统对自然光照巨大跨度的智能响应，通过动态调整敏感度来优化视觉信息的获取效率，本质上是对外界光照条件的生物性适应。

6.3 直方图处理

6.3.1 直方图

直方图是数字图像处理中一个简单而重要的常用工具，它从总体上刻画了一幅图像的灰度内容。具体来说，直方图描述的是图像中具有各灰度级的出现的概率（像素的个数），其横坐标为灰度级，纵坐标为图像中具有该灰度级的像素个数。MATLAB 图像处理工具箱用 imhist 函数来显示图像的直方图，语法格式为

```
imhist(I)
imhist(I,n)
imhist(X,map)
[counts,binLocations] = imhist(I)
[counts,binLocations] = imhist(gpuarrayI,_____)
```

其中，I 为输入图像；n 为指定的灰度级数目，默认为 256。imhist(X,map)用于计算和显示索引图像 X 的直方图，map 为调色板。[counts,binLocations]＝imhist(…)返回直方图的数值向量，其中，counts 为各灰度级的像素总数，binLocations 为相应各灰度级。最后一行语法格式表明该函数可在 GPU 上运行。

例 6-2 显示一幅图像的直方图。

```
I = imread('pout.tif');
imshow(I);
title('原始图像');
figure,imhist(I);
title('原始图像直方图');
```

上述代码的运行结果如图 6-2 所示。

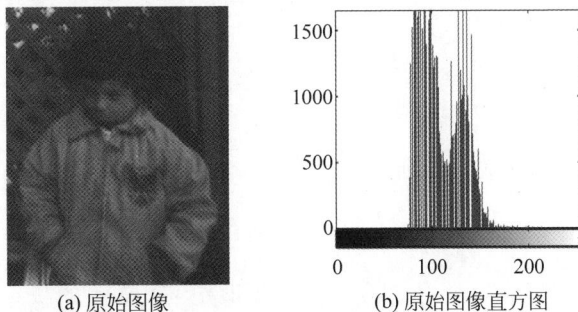

(a) 原始图像   (b) 原始图像直方图

图 6-2 显示直方图示例

6.3.2 直方图均衡化

直方图均衡化是一种最常用的直方图修正方法,它把给定的直方图修改为均匀分布。用信息论解释,直方图均衡化是使修改后的图像具有最大熵,即含有最多的信息量。直觉上,直方图均衡化表现为图像的对比度增加。采用直方图均衡化对一幅图像进行操作的具体方法是:

(1) 列出原始图像的灰度级 $S_k, k=0,1,\cdots,L-1$,其中 L 为灰度级个数。

(2) 统计原图像中各灰度级所包含像素数目 n_k。

(3) 计算原图像各灰度级的频率数 $t_k = n_k/N$,其中 N 是图像的像素总数。

(4) 计算原始图像灰度级频率数的累计直方图 $T_k = \sum_{i=0}^{k} t_i$。

(5) 确实映射关系 $S_k \to \text{int}[(L-1) \times T_k]$。

直方图均衡化的 MATLAB 函数为 histeq,具体语法格式如下:

```
J = histeq(I,hgram)
J = histeq(I,n)
[J, T] = histeq(I)
newmap = histeq(X, map, hgram)
newmap = histeq(X, map)
[newmap, T] = histeq(X,_____)
[gpuarrayJ, gpuarrayT] = histeq(gpuarrayI,_____)
```

其中,n 表示输出图像的灰度级数量,为可选参数,默认为 64。

J = histeq(I,hgram)是将原始图像 I 变成图像 J,并使 J 的直方图变成用户指定的向量 hgram,其中 hgram 为归一化(各元素均在[0,1]上)的灰度直方图。

[J, T] = histeq(I)在返回图像 J 的同时也返回变换向量。

后面几行命令则表明该函数可对索引文件进行操作,也支持在 GPU 运行。

例 6-3 对一幅图像进行直方图均衡化,并显示输出图像及相应直方图。

```
I = imread('pout.tif');
subplot(2,2,1),imshow(I);
title('原始图像');
subplot(2,2,2),imhist(I);
title('原始图像直方图');
J = histeq(I);
subplot(2,2,3),imshow(J);
title('输出图像');
subplot(2,2,4),imhist(J);
title('输出图像直方图');
```

上述代码的运行结果如图 6-3 所示。

扩展阅读

直方图均衡化的起源:这一技术萌芽于 20 世纪 40 年代的概率论研究,在 20 世纪 60 年代数字图像处理兴起后,这一技术被正式系统化。其核心正是运用统计学中的累积分

原始图像　原始图像直方图

输出图像　输出图像直方图

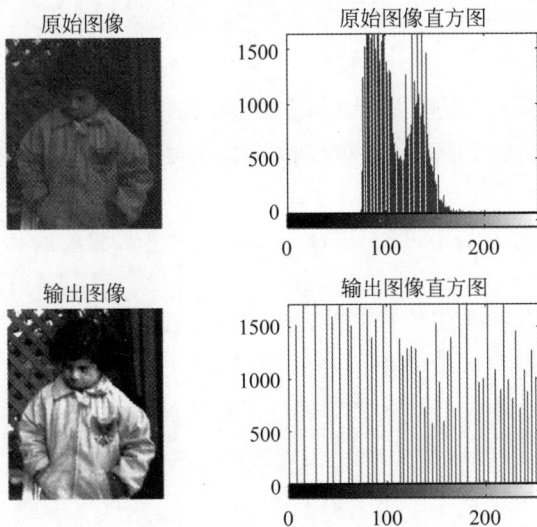

图 6-3　直方图均衡化示例

布函数对图像灰度级进行非线性重构。通过严格的数学变换,将原始图像的集中式分布转换为均匀分布,从而实现信息熵最大化。至今,它仍是图像处理领域的基础工具,并衍生出众多改进方法。

6.4　空　域　滤　波

如前所述,空域图像处理的自变量既可以是单个像素,也可以是单个像素的邻域。空域滤波就是在图像空间中借助模板对图像进行邻域操作。其本质上等价于改变图像频域空间的某个范围内的分量,从而改变输出图像的频率分布,达到图像增强的目的。

图像的邻域通常不止一个像素,也就是说一个像素的邻域除该像素本身外,往往还包括其他像素。图像的空域滤波通常通过模板与图像的卷积(互运算)来实现,每个模板是一个二维数组,其中元素的值确定了模板的功能。主要步骤如下:

(1) 将模板在图像上滑动,并将模板中心与图像的待处理像素位置重合。

(2) 将模板上的系数与模板下对应的像素相乘。

(3) 将所有乘积相加。

(4) 将上步之和作为待处理像素的灰度值。

例 6-4　如图 6-4 所示,用模板 B 对图像矩阵 A 进行模板运算。

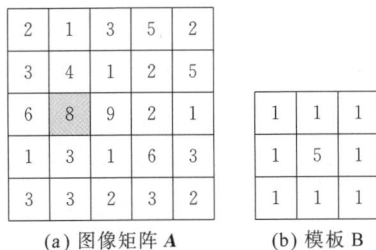

2	1	3	5	2
3	4	1	2	5
6	8	9	2	1
1	3	1	6	3
3	3	2	3	2

1	1	1
1	5	1
1	1	1

(a) 图像矩阵 A　　　(b) 模板 B

图 6-4　图像及模板示例

图像矩阵 A 中阴影标记的灰度值为 8 的像素,其滤波结果为

$$3×1+4×1+1×1+6×1+8×5+9×1+1×1+3×1+1×1=68$$

由此例可以看出,这种采用模板滑动来实现空域滤波的算法是相当耗时的。为了减少运算复杂度,很多专用图像处理系统选取模板并不太大,多为 $3×3$、$5×5$、$7×7$ 等,并且常用硬件来完成模板运算。

根据空域滤波器的输出结果,可把空域滤波器分为平滑滤波器和锐化滤波器两种。

6.4.1 平滑滤波

平滑滤波器可通过低通滤波实现,目的在于模糊图像或消除图像噪声。根据模板特点,平滑滤波器又可分为线性平滑滤波器和非线性平滑滤波器。

1. 线性平滑滤波器

线性平滑滤波器中用最常见的是均值滤波器。均值滤波器的所有系数都是正数,最简单的均值滤波器模板中元素均为 1,为了保持输出图像的灰度范围,模板与像素邻域乘积求和后还要进行均值计算。

例 6-5 如图 6-5 所示,用 $3×3$ 模板 B 对图像矩阵 **A** 进行均值滤波。

图像矩阵 A 中阴影标记的灰度值为 8 的像素,其相应的均值滤波运算为

$$[3×1+4×1+1×1+6×1+8×1+9×1+1×1+3×1+1×1]/9=4$$

对例 6-5 中的均值滤波器进行修改,就可得到加权均值滤波器,如图 6-6 所示。

2	1	3	5	2
3	4	1	2	5
6	8	9	2	1
1	3	1	6	3
3	3	2	3	2

(a) 图像矩阵 **A**

1	1	1
1	1	1
1	1	1

(b) 模板 B

图 6-5 用 $3×3$ 模板实现图像的均值滤波器

1	1	1
1	3	1
1	1	1

1	2	1
2	5	2
1	2	1

图 6-6 两个加权均值滤波器

高斯滤波器在本质上也属加权均值滤波器,像素点的权值,由该点到中心像素距离进行高斯加权得到。

MATLAB 采用 fspecial 函数生成滤波模板,并用 filter2 函数指定模板对图像进行滤波。

fspecial 的常用语法格式为

```
h = fspecial(type)
h = fspecial(type, parameters)
```

其中,type 用于指定滤波器类型;parameters 则是与滤波器有关的具体函数,例如,h=fspecial('average',[3 3])生成一个大小为 $3×3$ 的均值滤波器模板;h=fspecial('disk',2)生成半径为 2 的圆形均值滤波器。

表 6-1 给出了用 fspecial 函数进行滤波器模板定义的详细说明。

表 6-1 fspecial 函数的滤波器模板定义

type	parmeters	说　明
average	hsize	矩形均值滤波器。hsize 为两元素向量,用于指定矩形的大小。当为正方形区域时 hsize 也可用标量表示
disk	radius	生成半径为 radius 的圆形滤波器
gaussian	hsize,sigma	标准偏差为 sigma、大小为 hsize 的高斯低通滤波器
laplacian	alpha	系数为 alpha 的二维拉普拉斯操作
log	hsize,sigma	标准偏差为 sigma、大小为 hsize 的高斯滤波旋转对称拉普拉斯算子
motion	len,theta	按角度 theta 移动 len 个像素的运动滤波器
prewitt	无	近似计算梯度算子
sobel	无	考虑了像素点间空间位置的近似计算梯度算子

例 6-6　对一幅图像采用大小不同模板的均值滤波器进行滤波,并比较滤波效果。

```
I = imread('eight.tif');
subplot(2,2,1),imshow(I,[]);title('原始图像');
K1 = filter2(fspecial('average',3),I);
subplot(2,2,2),imshow(K1,[]);
title('3 * 3 均值滤波');
K2 = filter2(fspecial('average',5),I);
subplot(2,2,3),imshow(K2,[]);
title('5 * 5 均值滤波');
K3 = filter2(fspecial('average',7),I);
subplot(2,2,4),imshow(K3,[]);
title('7 * 7 均值滤波');
```

上述代码的运行结果如图 6-7 所示。

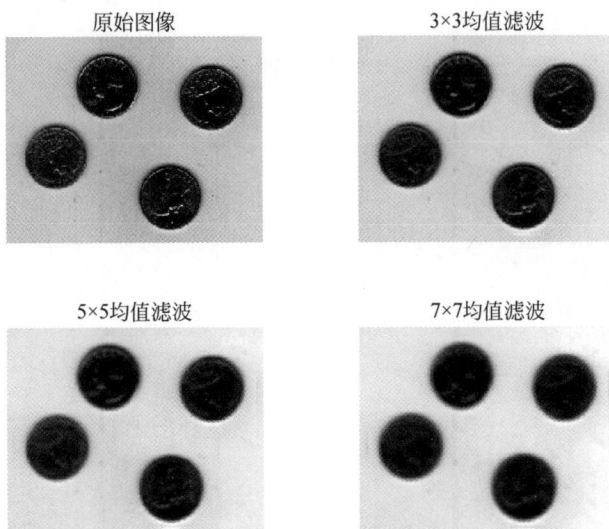

图 6-7　不同大小滤波器的滤波效果比较

图像的空域增强

由图 6-7 可以看出,随着滤波器模板尺寸加大,图像变得越来越模糊,图像细节的锐化程度降低。图 6-8 分别给出了这两种滤波器的不同实例。

1	1	1
1	1	1
1	1	1

1	2	1
2	4	2
1	2	1

(a) 均值滤波器   (b) 高斯滤波器

图 6-8　均值滤波器与高斯滤波器的模板比较

均值滤波虽然考虑到邻域点的作用,但未考虑空间位置的影响。而实际上,离某点越近的点,对该点的影响应该越大,为此,实际中多采用加权后的均值滤波模板。一种方法是将模板的加权系数通过对二维高斯函数采样得到,相应滤波器被称为高斯滤波器。

显然,从本质上讲,高斯滤波器属于加权滤波器的范畴。

2. 非线性平滑滤波器

非线性平滑滤波器中最常用的是中值滤波器,其把邻域中图像的像素按灰度级进行排序,然后选中间值作为滤波结果。因此,均值滤波器与中值滤波器的不同在于:均值滤波器的输出由平均值决定,而中值滤波器的输出由中间值决定。

MATLAB 图像处理工具箱采用 medfilt2 函数来实现中值滤波,具体语法格式如下:

```
B = medfilt2(A)
B = medfilt2(A, [m n])
B = medfilt2(_____,padopt)
gpuarrayB = medfilt2(gpuarrayA,_____)
```

其中,A 是输入图像;B 是滤波后的输出图像(滤波结果);[m　n]指定滤波模板的大小,默认模板大小为 3×3;padopt 用于指定图像矩阵 A 的边缘的延拓形式。最后一行表明该滤波函数支持 GPU。

例 6-7　对一幅图像实行不同模板的中值滤波,并比较滤波结果。

```
I = imread('eight.tif');
subplot(2,2,1),imshow(I,[]);title('原始图像');
K1 = medfilt2(I,[3 3]);
subplot(2,2,2),imshow(K1,[]);
title('3 * 3 中值滤波');
K2 = medfilt2(I,[5 5]);
subplot(2,2,3),imshow(K2,[]);
title('5 * 5 中值滤波');
K3 = medfilt2(I,[7 7]);
subplot(2,2,4),imshow(K3,[]);
title('7 * 7 中值滤波');
```

上述代码的运行结果如图 6-9 所示。

由结果可以看出,中值滤波器在细节保持方面较均值滤波器有所提高。

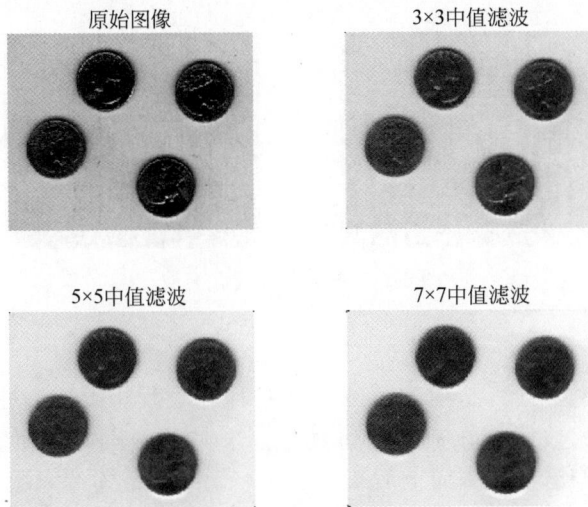

原始图像　　　　　　　　　　3×3中值滤波

5×5中值滤波　　　　　　　　7×7中值滤波

图 6-9　不同大小中值滤波器的滤波效果比较

6.4.2　锐化滤波

平滑滤波往往使图像的边缘、轮廓变得模糊,反之,利用锐化滤波可使图像的边缘变得清晰。从频域考虑,图像模糊的实质是低通滤波,相应高频分量被抑制,因此可以通过高通滤波来实现图像的清晰化。

1. 线性锐化滤波器

线性锐化滤波器由于其速度较快,经常用于图像锐化。这种滤波器的一个经典的 3×3 模板,如图 6-10 所示。

-1	-1	-1
-1	8	-1
-1	-1	-1

图 6-10　线性高通滤波器模板

事实上图 6-10 所示模板为拉普拉斯算子,中心系数大于零,其余系数小于零,所有系数之和为 0。当这样的模板在图像中游走时,对灰度变化较小或没有变化的区域,其滤波输出较小或为 0。

例 6-8　使用拉普拉斯算子对一幅图像高通滤波。

```
I = imread('blobs.png');
h = fspecial('laplacian');
J = filter2(h,I);
subplot(1,2,1);imshow(I);title('原始图像');
subplot(1,2,2);imshow(J);title('拉普拉斯滤波');
```

相应滤波结果如图 6-11 所示。

图像的空域增强

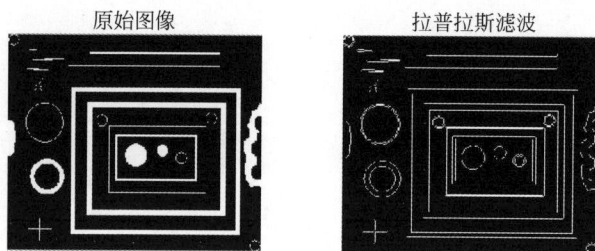

图 6-11 拉普拉斯锐化滤波

2. 非线性锐化滤波器

均值滤波器可以模糊图像,而均值滤波器在计算过程中要进行求和,在数学上对应积分,故非线性锐化滤波器可在数学上通过微分来实现。其中,梯度算子是最常用的微分算子,其刻画了图像沿某个方向上的灰度变化率。对一个连续函数 $f(x,y)$,其梯度定义为

$$\nabla f \equiv \begin{bmatrix} \dfrac{\partial f}{\partial x} & \dfrac{\partial f}{\partial y} \end{bmatrix}$$

梯度是一个矢量,在具体实现过程需离散化处理,并用两个模板分别沿 x 和 y 两个方向计算。梯度的模为

$$|\nabla f| = \sqrt{(\nabla x)^2 + (\nabla y)^2}$$

其中

$$\nabla x = f(x+1,y) - f(x,y)$$
$$\nabla y = f(x,y+1) - f(x,y)$$

常用的空域非线性锐化滤波算子有 sobel 算子、prewitt 算子、log 算子(拉普拉斯高斯算子)等,这些算子的定义主要是基于微分的基本概念(关于这几个算子的具体定义将在本书 9.2 节给出)。

例 6-9 分别用不同非线性锐化滤波器对图像进行滤波。

```
I = imread('blobs.png');
h1 = fspecial('sobel');
J1 = filter2(h1,I);
h2 = fspecial('prewitt');
J2 = filter2(h2,I);
h3 = fspecial('log');
J3 = filter2(h3,I);
subplot(2,2,1);imshow(I);title('原始图像');
subplot(2,2,2);imshow(J1);title('sobel 算子滤波');
subplot(2,2,3);imshow(J2);title('prewitt 算子滤波');
subplot(2,2,4);imshow(J3);title('log 算子滤波');
```

上述代码的运行结果如图 6-12 所示。

由上面的实验结果可以看出,默认的 sobel 和 prewitt 算子均为求解水平细节,即在竖直方向上进行微分计算。可通过将这两个算子的模板转置来实现竖直细节的提取。

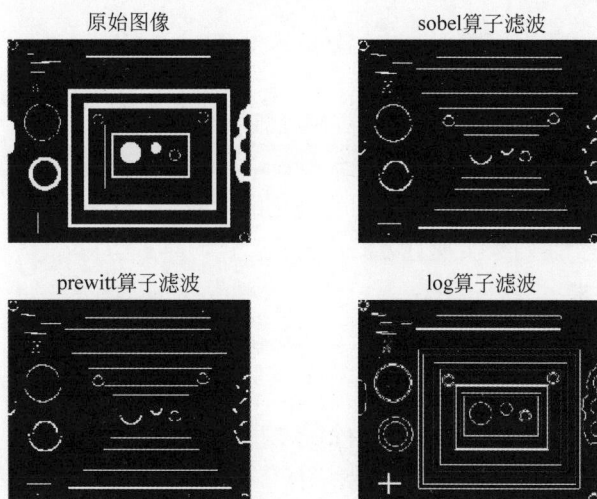

图 6-12　非线性锐化滤波

📖 扩展阅读

什么是滤波：滤波(Filtering)是信号与图像处理中的一种基本操作,其核心思想是通过特定的数学运算有选择地增强、抑制或提取信号中的某些成分。从本质上说,滤波是通过系统函数(滤波器)对输入信号进行卷积或其他形式的变换,从而改变信号的频率特性或空间特性。

本 章 实 验

实验一　直方图均衡化编程实现

一、实验目的

(1)掌握直方图均衡化的基本原理。

(2)掌握直方图均衡化的实现步骤。

二、实验原理

参考 6.3 节"直方图处理"相关内容。

三、实验内容

(1)根据书中所列具体算法,通过具体编程,实现对一幅图像的直方图均衡化处理。要求不能使用 histeq 函数。

(2)多找几幅图像进行直方图均衡化,尝试发现直方图均衡化在图像处理方面的缺陷。

四、实验报告要求

(1)描述实验的基本原理和步骤。

(2)用数据和图片给出各个步骤中取得的实验结果,并进行必要的讨论。

(3)尝试指出该算法的缺陷。

实验二　灰度变换与直方图均衡化比较

一、实验目的

(1)掌握灰度变换及直方图均衡化的基本原理。

图像的空域增强

（2）分析灰度变换与直方图均衡化的具体关系。

二、实验原理

参考 6.2 节"灰度变换"和 6.3 节"直方图处理"相关内容。

三、实验内容

（1）通过实验分析灰度变换与直方图均衡化的异同。

（2）尝试用灰度变换函数实现直方图均衡化。

四、实验报告要求

（1）描述实验的基本原理和步骤。

（2）用数据和图片给出各个步骤中取得的实验结果，并进行必要的讨论。

实验三 图像空域滤波的块操作实现

一、实验目的

（1）掌握图像空域滤波的基本原理。

（2）掌握图像空域滤波的具体实现。

二、实验原理

参考 6.4 节"空域滤波"和 2.3 节"邻域操作与块操作"相关内容。

三、实验内容

（1）通过邻域操作或块操作，来实现至少一个空域滤波器，并展示滤波效果。

（2）比较与 MATLAB 相应滤波函数在滤波效果上的差异，并尝试找出可能原因。

四、实验报告要求

（1）描述实验的基本原理和步骤。

（2）用数据和图片给出各个步骤中取得的实验结果，并进行必要的讨论。

实验四 基于人眼视觉系统的灰度变换

一、实验目的

（1）掌握灰度变换代码的手动实现。

（2）体会人眼视觉系统原理对图像增强算法的改进启发。

二、实验原理

参考 6.2 节"灰度变换"和扩展阅读部分的相关内容。

三、实验内容

（1）手动实现 imadjust 函数。

（2）尝试结合类人眼对亮度的类对数感应曲线对图像进行灰度变换增强。

四、实验报告要求

（1）可任选实验图片。

（2）注明代码改进部分的基本原理。

（3）比较不同变换的视觉效果。

第7章

图像的频域增强

> **内容提要**

本章介绍图像的频域增强,主要内容有理想低通滤波器、理想高通滤波器、巴特沃思低通滤波器、巴特沃思高通滤波器及基于小波变换的低通和高通滤波器。

> **知识要点**

◇ 傅里叶变换域低通滤波。

◇ 傅里叶变换域高通滤波。

◇ 小波域低通滤波。

◇ 小波域高通滤波。

> **教学建议**

◇ 本章教学安排建议用 4 课时(频域滤原理 2 课时;MATLAB 代码实现 2 课时)。

◇ 本章的重点是各频域滤波方法原理及代码实现。

◇ 用 MATLAB 实现各滤波器算法是本章的难点。

频域增强是将图像先变换到其他空间,然后利用该空间特点对变换域的数据进行处理,最后再转换回原来的图像空间中,最终使图像得到处理。因此,频域图像增强主要分为三步:

(1) 选择合适的变换方法,将图像变换到频域空间。

(2) 依据处理目标,在频域空间对变换系数进行处理。

(3) 将处理后的结果进行反变换,得到增强后的图像。

根据处理频段的不同,可将图像的频域增强分为低通滤波和高通滤波两类。

7.1 低 通 滤 波

信号或图像的能量主要集中在低频和中频,而噪声常常出现在较高频段,故通过保持低频分量,抑制高频分量,可以达到去除噪声、维持图像信息的目的。这也是低通滤波器设计的基本依据。

7.1.1 傅里叶变换低通滤波

在傅里叶变换域,频谱中的低频部分包含了图像的主要信息,高频部分往往为噪声信息,也包含一定的图像细节。构造低通滤波器就是使低频分量顺利通过的同时能够有效地阻止高频分量,再通过反变换取得增强后的图像。

由于低通滤波在去除噪声的同时也会丢掉一些细节信息,因此低通滤波往往对图像造成一定程度的光滑。

采用卷积运算对低通滤波进行定义：

$$G(u,v) = F(u,v) * H(u,v)$$

其中，$F(u,v)$ 为含噪图像的傅里叶频域；$H(u,v)$ 为用于频域系数处理的函数，常被称为传递函数或转移函数；$G(u,v)$ 为经滤波处理后的傅里叶频域。

选择适当的传递函数 $H(u,v)$ 对频域低通滤波的效果关系重大。常用的低通滤波器有理想低通滤波器和巴特沃思低通滤波器。

（1）理想低通滤波器(Ideal Circular Low-Pass Filter，如图 7-1 所示)。它是傅里叶变换域上半径为 D_0 的圆形滤波器，其传递函数为

$$H(u,v) = \begin{cases} 1, & D(u,v) \leqslant D_0 \\ 0, & D(u,v) > D_0 \end{cases}$$

其中，D_0 为截止频率；$D(u,v)$ 是点 (u,v) 到傅里叶频域原点的距离（频谱）。

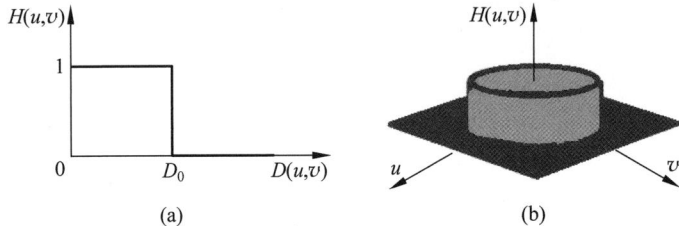

图 7-1　理想低通滤波器原理示意图

理想低通滤波器在物理上不可实现，且由于转移函数的非连续性，使用理想低通滤波器对图像进行处理，还经常会发生图像边缘模糊现象。

（2）巴特沃思低通滤波器(Butterworth Low-Pass Filter，如图 7-2 所示)。该滤波器的传递函数定义如下：

$$H(u,v) = \frac{1}{1 + [D(u,v)/D_0]^{2n}}$$

函数曲线呈连续性衰减，而不像理想低通滤波器有陡峭的截止区。

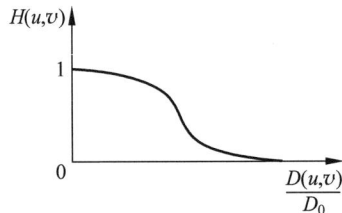

图 7-2　巴特沃思低通滤波器转移函数剖面示意图

与理想低通滤波器相比较，巴特沃思低通滤波器滤波后的图像边缘模糊程度会大大减轻。

例 7-1　对一幅图像分别进行理想低通滤波和巴特沃思低通滤波。

```
clear;
```

```
I1 = imread('eight.tif');
subplot(2,2,1);
imshow(I1);title('原始图像');
I2 = imnoise(I1,'salt & pepper');
subplot(2,2,2);
imshow(I2);title('含噪图像');
f = double(I2);
g = fft2(f);
g = fftshift(g);
[N1,N2] = size(g);
n = 2;
d0 = 50;
n1 = fix(N1/2);
n2 = fix(N2/2);
for i = 1:N1
    for j = 1:N2
        d = sqrt((i - n1)^2 + (j - n2)^2);
        % Buttetworth 低通滤波
        h = 1/(1 + (d/d0)^(2 * n));
        result1(i,j) = h * g(i,j);
        % 理想低通滤波
        if d > d0
            result2(i,j) = 0;
        else
            result2(i,j) = g(i,j);
        end
    end
end
result1 = ifftshift(result1);
result2 = ifftshift(result2);
X2 = ifft2(result1);
X3 = uint8(real(X2));
subplot(2,2,3);
imshow(X3,[]);
title('Butterworth 低通滤波');
X4 = ifft2(result2);
X5 = uint8(real(X4));
subplot(2,2,4);
imshow(X5,[]);
title('理想低通滤波');
```

上述代码的运行结果如图 7-3 所示。

7.1.2 小波变换低通滤波

频域滤波也可通过小波变换实现。小波变换将一幅图像分解为近似和细节的不同分量,在做逆变换之前可对细节分量(高频部分)进行抑制,从而实现低通滤波。

如第 4 章介绍的那样,在 MATLAB 中可使用 wavedec 函数对一幅图像进行小波分解,

原始图像 含噪图像

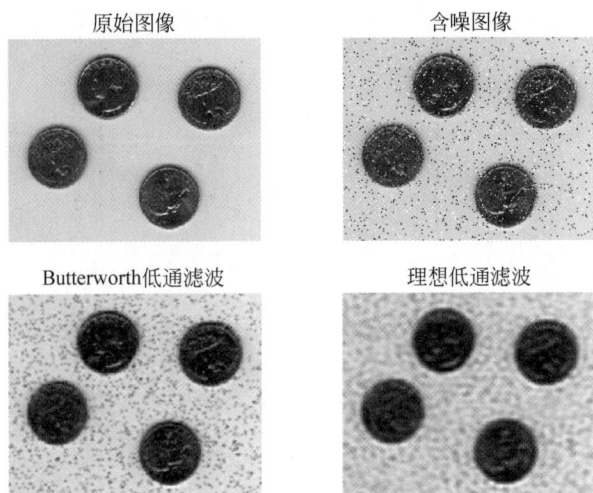

Butterworth低通滤波 理想低通滤波

图 7-3 理想低通和巴特沃思低通滤波示例

语法格式为

```
[C,S] = wavedec2(X,N,'wname')
```

其中，X 是输入信号；N 为分解层数(默认为 1)；C 为行向量，用来存储各层分解系数，其中 C 的结构为

```
C = [A(N) H(N) V(N) D(N) H(N-1) V(N-1) D(N-1) H(N-2) V(N-2) D(N-2) ... H(1) V(1) D(1)]
```

S 记录各层分解系数长度，即第一行是 A(N) 的长度，第二行是 H(N)、V(N)、D(N) 的长度，第三行是 H(N-1)、V(N-1)、D(N-1) 的长度，倒数第二行是 H(1)、V(1)、D(1) 的长度，最后一行是 X 的长度(大小)。

例 7-2 采用小波分解对图像低通滤波。

```
load wbarb;
subplot(1,2,1); imshow(X,[]); title('原始图像');
% 对图像进行两层小波分解
[C S] = wavedec2(X,2,'bior3.7');
% 修改分解系数
CF = C;
CF(S(1,1) * S(1,2) + 1:end) = 0;
% 重构原图像
Y = waverec2(CF,S,'bior3.7');
subplot(1,2,2);imshow(Y,[]);title('小波低通滤波图像');
```

上述代码的运行结果如图 7-4 所示。

📖 扩展阅读

巴特沃思函数：巴特沃思函数是 1930 年由英国物理学家斯蒂芬·巴特沃思提出的经典滤波器数学模型。滤波器的核心创新在于通过巧妙的数学构造，用阶数参数对过渡带的陡峭度进行控制，确保通带和阻带呈现平滑过渡。

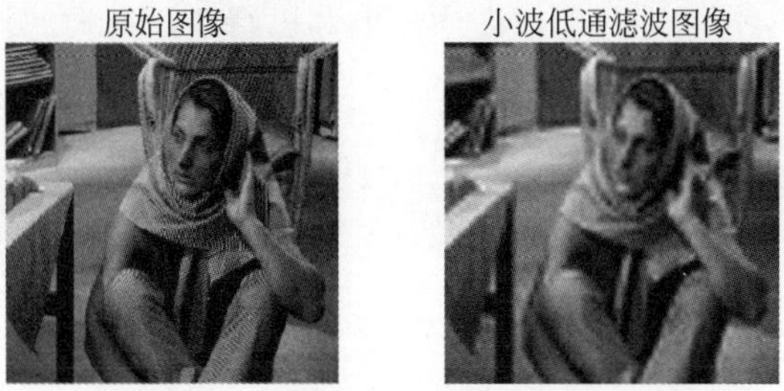

原始图像　　　　　小波低通滤波图像

图 7-4　小波变换实现低通滤波示例

7.2　高　通　滤　波

图像中的细节部分对应频域的高频部分,因此可以通过高通滤波对图像进行锐化处理。在具体实现时高通滤波与低通滤波的作用相反,它使频域中的高频分量顺利通过,低频分量得到抑制。

借助前面的低通滤波器,能较为方便地设计出相应的高通滤波器。

(1) 理想高通滤波器(Ideal Circular High-Pass Filter)。其原理示意图如图 7-5 所示。

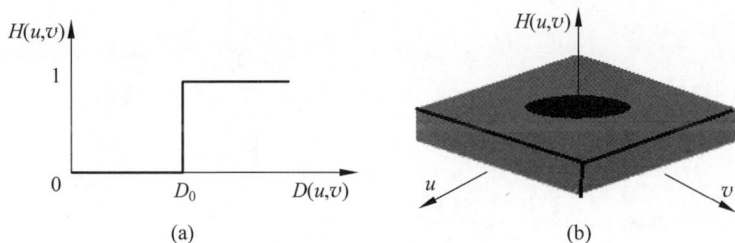

图 7-5　理想高通滤波器原理示意图

相应传递函数为

$$H(u,v) = \begin{cases} 0, & D(u,v) \leqslant D_0 \\ 1, & D(u,v) > D_0 \end{cases}$$

(2) 巴特沃思高通滤波器(Butterworth High-Pass Filter)。该滤波器的传递函数定义如下:

$$H(u,v) = \frac{1}{1 + [D_0/D(u,v)]^{2n}}$$

其相应的剖面示意图如图 7-6 所示。

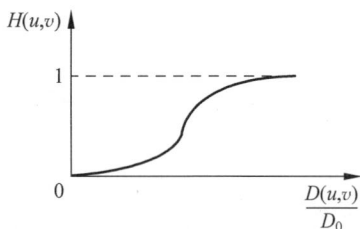

图 7-6　巴特沃思高通滤波器转移函数剖面示意图

例 7-3　对一幅图像分别进行理想高通滤波和巴特沃思高通滤波。

```
clear;
I1 = imread('eight.tif');
subplot(2,2,1);
imshow(I1);title('原始图像');
I2 = imnoise(I1,'salt & pepper');
subplot(2,2,2);
imshow(I2);title('含噪图像');
f = double(I2);
g = fft2(f);
g = fftshift(g);
[N1,N2] = size(g);
n = 2;
d0 = 50;
n1 = fix(N1/2);
n2 = fix(N2/2);
for i = 1:N1
    for j = 1:N2
        d = sqrt((i - n1)^2 + (j - n2)^2);
        %巴特沃思高通滤波
        if d == 0
            h = 0;
        else
            h = 1/(1 + (d0/d)^(2 * n));
        end
        result1(i,j) = h * g(i,j);
         %理想高通滤波
        if d > d0
          result2(i,j) = g(i,j);
        else
            result2(i,j) = 0;
        end
    end
end
result1 = ifftshift(result1);
result2 = ifftshift(result2);
X2 = ifft2(result1);
X3 = uint8(real(X2));
subplot(2,2,3);
imshow(X3,[]);
title('巴特沃思高通滤波');
X4 = ifft2(result2);
X5 = uint8(real(X4));
subplot(2,2,4);
imshow(X5,[]);
title('理想高通滤波');
```

上述代码的运行结果如图 7-7 所示。

类似低通滤波器的构造,通过对小波域上的低频部分即近似部分进行抑制,便可实现基

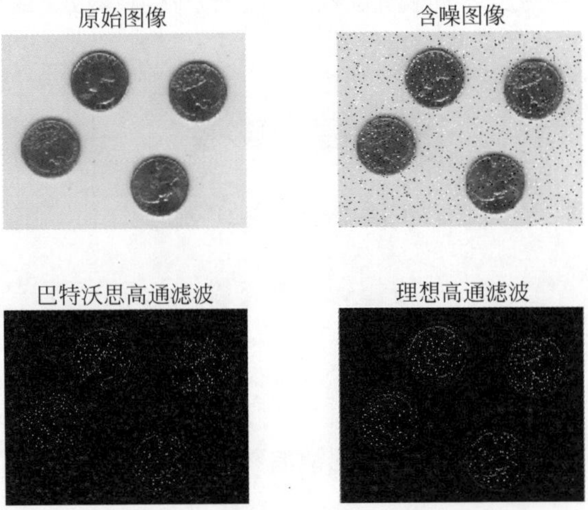

原始图像　　　　含噪图像

巴特沃思高通滤波　　　　理想高通滤波

图 7-7　理想高通和巴特沃思高通滤波示例

于小波变换的高通滤波器。

例 7-4　采用小波分解对图像高通滤波。

```
load wbarb;
subplot(1,2,1); imshow(X,[]); title('原始图像');
% 对图像进行两层小波分解
[C S] = wavedec2(X,2,'bior3.7');
% 修改分解系数
CF = C;
CF(1: S(1,1) * S(1,2)) = 0;
% 重构原图像
Y = waverec2(CF,S,'bior3.7');
subplot(1,2,2);imshow(Y,[]);title('小波高通滤波图像');
```

上述代码的运行结果如图 7-8 所示。

原始图像　　　　小波高通滤波图像

图 7-8　小波变换实现高通滤波示例

 扩展阅读

不同视角看滤波：在信号和图像处理中，高通滤波与锐化滤波本质上是等效的，二者都是通过增强高频成分（如边缘、细节等快速变化的信号）来实现图像清晰度的提升；而低通滤波则对应平滑滤波，它们通过抑制高频成分（如噪声、细节）来获得模糊或去噪的效果。这

第7章

图像的频域增强

种对应关系源于频域和空域的不同视角：高通/低通是从频率成分的保留或抑制角度描述，而锐化/平滑则是从空间域的效果角度命名。

本 章 实 验

实验一 巴特沃思滤波器的快速算法实现

一、实验目的

(1) 掌握巴特沃思滤波器的基本原理。

(2) 掌握巴特沃思滤波器的具体实现。

二、实验原理

参考 7.1 节"低通滤波"和 7.2 节"高通滤波"相关内容。

三、实验内容

例 7-1 和例 7-3 所提供的算法在进行巴特沃思滤波时效率并不高，改进例题所提供的代码，使之具有更高的运行效率。

四、实验报告要求

(1) 描述实验的基本原理和步骤。

(2) 比较不同算法的运行时间。

(3) 有相应的程序运行结果。

实验二 频域滤波器的图像滤波

一、实验目的

(1) 掌握不同频域滤波器的基本原理。

(2) 了解频域滤波器中不同参数的意义。

二、实验原理

参考 7.1 节"低通滤波"和 7.2 节"高通滤波"相关内容。

三、实验内容

根据本章例题中滤波器的实现代码，就其中的参数(如阈值、分解层数等)进行调整，观察不同参数对最终滤波效果的影响，并分析原因。

四、实验报告要求

(1) 描述实验的基本原理和步骤。

(2) 有相应的程序运行结果。

(3) 有必要的结果分析。

实验三 基于 DCT 变换的图像低通滤波

一、实验目的

(1) 尝试使用 DCT 变换进行频域滤波。

(2) 进一步理解 DCT 变换中低频和高频物理意义。

二、实验原理

参考 4.2 节"离散余弦变换"和 7.1 节"低通滤波"的相关内容。

三、实验内容

在理解 7.1 节低通滤波的基本原理基础上,尝试用 DCT 进行低通滤波。

四、实验报告要求

(1) 描述实验的基本原理和步骤。

(2) 进行不同程度的滤波并给出视觉效果比较。

(3) 有必要的结果分析。

第8章   图 像 去 噪

➤ 内容提要
本章主要介绍数字图像去噪的基本方法、常用评价指标及几类细节保持滤波器。
➤ 知识要点
  ◇ 图像噪声的 MATLAB 函数。
  ◇ 滤波算法的程序实现。
  ◇ 峰值信噪比的概念及应用。
  ◇ 几类细节保持滤波器原理及实现。
➤ 教学建议
  ◇ 本章教学安排建议 8 课时左右(噪声模型、噪声滤除及效果评价 2 课时;细节保持
    滤波器 4 课时;实验专题及讲评 2 课时)。
  ◇ 图像滤波的实现及效果评价是本章重点。
  ◇ 理解细节保持滤波器的物理直觉。
  ◇ 非局部均值滤波器可以掌握其基本思想或作为选学内容。

　　随着工业技术的发展,数字化图像获取设备越来越多,数字图像的应用环境也越来越广泛。图像在获取和传播过程中不可避免地会受到噪声污染。图像去噪的目的是在尽可能保持图像有用细节的前提下,通过去除噪声,从而获得更为真实的图像。噪声去除的效果如何会直接影响到图像分析、识别等后续任务。因此,图像去噪一直是学术界和工业界的研究热点。

8.1 噪声模型及实现

8.1.1 两类常见的噪声模型

　　椒盐噪声和高斯噪声是理论上研究最多的两类噪声。椒盐噪声常发生在图像的传输、数模转换、存储等操作过程中。对一幅灰度图像,令 X 表示原始图像(无噪声),Y 表示含噪图像,$\Omega=[1,2,\cdots,m]\times[1,2,\cdots,n]$ 为像素坐标的取值范围,$[l_{\min},l_{\max}]$ 为图像灰度的取值区间。在椒盐噪声模型中,对 $\forall i=(i_1,i_2)\in\Omega$ 有

$$Y(i)=\begin{cases} l_{\min}, & \text{以概率 } p/2 \\ l_{\max}, & \text{以概率 } p/2 \\ X(i), & \text{以概率 } 1-p \end{cases}$$

其中,p 为椒盐噪声的污染程度。
　　若 N 表示高斯噪声,则 $Y=X+N$ 为图像的高斯噪声污染模型。

8.1.2 噪声添加的实现

为了评价去噪效果,实验中常先对原始图像进行噪声添加,然后对含噪图像进行噪声滤除,以比较滤除噪声后的图像与原始图像的差异。MATLAB 采用 imnoise 函数进行噪声添加,具体语法格式为

```
J = imnoise(I,type)
J = imnoise(I,type,parameters)
```

其中,参数 type 指定噪声种类(如表 8-1 所示);parameters 是与噪声相关的具体参数(如表 8-1 所示);I 为输入图像;J 为输出图像。

表 8-1　imnoise 函数的噪声种类及参数说明

type	parameters	说　明
gaussian	m,v	均值为 m、方差为 v 的高斯噪声
localvar	v	均值为 0、方差为 v 的高斯白噪声
poisson	无	泊松噪声
salt & pepper	d	污染程度为 d 的椒盐噪声
speckle	v	均值为 0、方差为 v 的乘性噪声

例 8-1 给图像加入椒盐噪声。

```
I = imread('eight.tif');
J = imnoise(I,'salt & pepper',0.02);
K = imnoise(I,'gaussian',0,0.01);
figure, imshow(I);title('原始图像');
figure, imshow(J);title('加椒盐噪声效果');
figure, imshow(K);title('加高斯噪声效果');
```

上述代码的运行结果如图 8-1 所示。

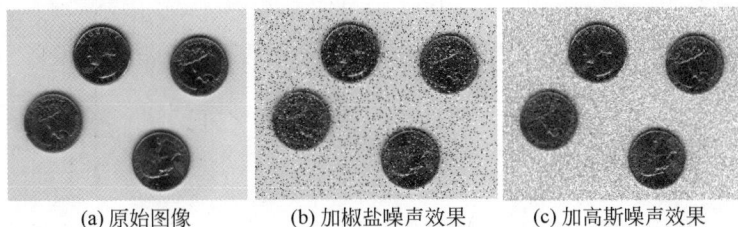

(a) 原始图像　　　　　(b) 加椒盐噪声效果　　　　　(c) 加高斯噪声效果

图 8-1　imnoise 函数示例

📖 **扩展阅读**

图像去噪和图像复原的关系:图像复原是通过数学模型和算法,从质量退化的观测图像中重建原始图像的过程,其核心是逆向求解退化过程(如模糊、噪声、雨、雾、遮挡、压缩失真等),以逼近真实的场景信息。显然,图像去噪是图像复原的基础环节和子集。相比图像去噪,图像复原是更全面的逆向重建。

8.2 噪声滤除及效果评价

对图像的去噪效果,最常用的评价指标是峰值信噪比(Peak Signal to Noise Ratio, PSNR),其计算公式如下:

$$\text{PSNR} = 10 \times \log_{10}(255^2/\text{MSE})$$

其中,MSE(Mean Square Error,均方误差)指各像素点灰度值误差平方的平均数:

$$\text{MSE} = \frac{1}{|\Omega|} \sum_{i \in \Omega} (\hat{X}(i) - X(i))^2$$

其中,X 为理想图像(未被噪声污染的图像);$\hat{X}$ 为去除噪声后所得图像;Ω 为图像的像素坐标集合。显然,PSNR 值越大表明去噪效果越好。

考虑到噪声通常表现为锐化和高频信息,因此,可采用光滑滤波器或低通滤波器对图像进行噪声滤除。

例 8-2 分别采用均值滤波器和中值滤波器对受高斯噪声污染的图像进行滤波处理。

```
I = imread('Boat.tiff');
J = imnoise(I,'gaussian',0,0.05);
K1 = filter2(fspecial('average',3),J);
K2 = medfilt2(J,[3,3]);
figure, imshow(I);title('原始图像');
figure, imshow(J);title('原始图像加高斯噪声效果');
figure, imshow(K1);title('对噪声图像均值滤波效果');
figure, imshow(K2);title('对噪声图像中值滤波效果');
MSE_K1 = sum(sum((double(K1) - double(I)).* …
        (double(K1) - double(I))))/size(I,1)/size(I,2);
PSNR_K1 = 10 * log10(255 * 255/MSE_K1)
MSE_K2 = sum(sum((double(K2) - double(I)).* …
        (double(K2) - double(I))))/size(I,1)/size(I,2);
PSNR_K2 = 10 * log10(255 * 255/MSE_K2)
```

上述代码的输出结果为

```
PSNR_K1 = 21.8739
PSNR_K2 = 20.1994
```

滤波效果如图 8-2 所示。

例 8-3 分别采用均值滤波器和中值滤波器对受椒盐噪声污染的图像进行滤波处理。

```
I = imread('Boat.tiff');
J = imnoise(I,'salt&pepper',0.02);
K1 = filter2(fspecial('average',3),J);
K2 = medfilt2(J,[3,3]);
figure, imshow(I);title('原始图像');
figure, imshow(J);title('原始图像加椒盐噪声效果');
figure, imshow(K1);title('对噪声图像均值滤波效果');
figure, imshow(K2);title('对噪声图像中值滤波效果');
MSE_K1 = sum(sum((double(K1) - double(I)).* …
```

原始图像 原始图像加高斯噪声效果

对噪声图像均值滤波效果 对噪声图像中值滤波效果

图 8-2 高斯噪声滤除示例

```
        (double(K1) − double(I))))/size(I,1)/size(I,2);
PSNR_K1 = 10 * log10(255 * 255/MSE_K1)
MSE_K2 = sum(sum((double(K2) − double(I)). * ···
        (double(K2) − double(I))))/size(I,1)/size(I,2);
PSNR_K2 = 10 * log10(255 * 255/MSE_K2)
```

上述代码的输出结果为

```
PSNR_K1 = 25.2321
PSNR_K2 = 30.3978
```

滤波效果如图 8-3 所示。

原始图像 原始图像加椒盐噪声效果

对噪声图像均值滤波效果 对噪声图像中值滤波效果

图 8-3 椒盐噪声滤波示例

通过上面例题可以看出均值滤波比中值滤波更适宜滤除高斯噪声；反之,在滤除椒盐噪声方面,中值滤波更见优势。

同时,在上面滤除噪声的过程中,图像的一些有用细节被滤除掉了,基于此,一些具有更好的细节保持功能的滤波方法被提出。

📖 扩展阅读

图像去噪的评价指标：图像去噪的常用评价指标主要分为全参考和无参考两类。全参考指标需要原始无噪声图像作为基准,常用的有 MSE(均方误差)直接计算像素级误差平方均值,PSNR(峰值信噪比)基于 MSE 的对数变换表示信噪比,SSIM(结构相似性)则从亮度、对比度和结构三个维度评估图像相似度。无参考指标则无须原始图像,通过分析图像统计特征来评估视觉质量。此外,运行效率和主观评分等也往往可以作为重要补充。

8.3　细节保持滤波器

8.3.1　灰度最小方差滤波器

选定一个待滤波像素进行模板设计,并判断模板所对应的像素是否属于同一个区域。若是,则模板中可能不包含边界元素,从而进行平滑处理；若模板中的像素不属于同一区域,则表明模板中可能包含边界像素,在这种情况下,对此模板不做平滑处理。

为了确定模板中的像素是否属于同一个区域,常通过计算模板中相应像素的灰度方差来进行。方差越大说明像素值间的差异越大,处在不同区域的可能性就越大；反之,方差越小,表明模板对应像素处在相同区域的可能性越大。

考虑到边界的多样性,此滤波器选择了 9 个不同的模板,中心像素为当前待处理像素。对这 9 个模板所覆盖的区域中的像素,计算其灰度分布方差,然后选择出方差最小的模板(如图 8-4 所示),用其像素灰度的平均值去代替当前像素。

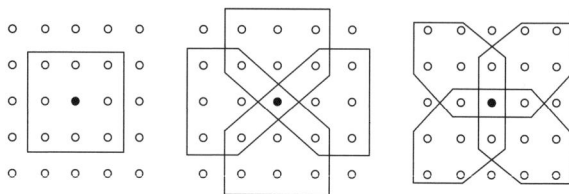

图 8-4　灰度最小方差的平滑模板

相比较均值滤波器,最小方差滤波不是简单地求平均,计算方差越小,说明模块中的像素值越接近,存在边界的可能性越小,从而对边界起到了保持的作用。该算法的缺点是计算量较大。

8.3.2　k 近邻平滑滤波器

k 近邻(k-nearest neighbor,KNN)平滑滤波器是指在一个待处理的像素近邻的范围内,找出与其灰度值最接近的 k 个点,然后用这 k 个点的均值代替原像素。

如果待处理的像素为非噪声点,把像素点和其周围的 k 近邻(非所有近邻)进行平均实现平滑操作时,可以保证像素的清晰度。若待处理像素为噪声点,进行 k 近邻滤波时,由于其与周围的像素之间是相对孤立的,做平滑处理后,可实现对噪声进行抑制。

k 近邻平滑滤波器的具体操作方法如下:

(1) 选取当前待处理像素,并选取一个 $M \times M$ 的模板(M 一般选取 3,5,7)。

(2) 选取 k 个与其相近的像素。$M=3$ 时,$k=5$;$M=5$ 时,$k=9$;$M=7$ 时,$k=25$。

(3) 用 k 个像素的均值代替原像素。

KNN 滤波器因为有了边界保持的作用,所以在去除椒盐以及高斯噪声时,对图像景物的清晰度保持方面的效果非常明显。此算法的复杂度较均值滤波器也有所增加。

8.3.3　自适应中值滤波器

从前面介绍的图像去噪技术中我们可以看出,常规中值滤波器对椒盐噪声能够起到良好的平滑效果。不仅如此,它在消除噪声的同时,还较均值滤波器能够更好地保护图像细节,因而在图像去噪处理中得到了比较广泛的应用。但是常规中值滤波去脉冲噪声的性能受滤波窗口尺寸的影响较大,而且它在抑制图像噪声和保护细节两方面存在一定的矛盾:如果取的滤波窗口越小,就可较好地保护图像中某些细节,但滤除噪声的能力会受到限制;反之,取的滤波窗口越大,就可加强噪声抑制能力,但对细节的保护能力会减弱,有时会滤去图像中的一些细线、尖锐边角等重要细节,从而破坏图像的几何结构。这种矛盾在图像中噪声干扰较大时表现得尤为明显。由于常规中值滤波器所使用的滤波窗口大小是固定不变的,所以这种滤波器在选择窗口大小和保护细节两方面只能做到二选一,这样矛盾始终不能解决。经验表明:在脉冲噪声强度大于 0.2 时,中值滤波效果就显得不令人满意。

自适应中值滤波器的滤波方式和常规的中值滤波器一样,都使用一个矩形区域的窗口,不同的是,在滤波过程中,自适应滤波器会根据一定的设定条件改变(即增加)滤波窗的大小,同时当判断滤波窗中心的像素是噪声时,该值用中值代替,否则不改变其当前像素值,这样用滤波器的输出来替代当前像素(即目前滤波窗中心对应像素)的灰度值。自适应中值滤波器可以处理噪声概率更大的脉冲噪声,同时能够更好地保持图像。

自适应中值滤波采用如下符号:

(x,y) 为待处理的像素点坐标;

S_{xy} 是中心为 (x,y) 的矩形窗口;

$Z_{\min}$ 是 S_{xy} 滤窗内灰度的最小值;

$Z_{\max}$ 是 S_{xy} 滤窗内灰度的最大值;

Z_{med} 是 S_{xy} 滤窗内灰度的中值;

Z_{xy} 是坐标 (x,y) 处的灰度值;

$S_{\max}$ 指定 S_{xy} 所允许的最大值。

自适应中值滤波算法由两部分组成,称为第一层(Level A)和第二层(Level B),具体算法如下:

Level A:

(1) $A_1 = Z_{\mathrm{med}} - Z_{\min}$。

(2) $A_2 = Z_{\mathrm{med}} - Z_{\max}$。

(3) 如果 $A_1 > 0$ 并且 $A_2 < 0$,转到 level B,否则增加滤窗 S_{xy} 的尺寸。

(4) 如果滤窗 $S_{xy} \leqslant S_{max}$,则重复执行 Level A,否则把 Z_{xy} 作为输出值。

Level B:

(1) $B_1 = Z_{xy} - Z_{min}$。

(2) $B_2 = Z_{xy} - Z_{max}$。

如果 $B_1 > 0$ 并且 $B_2 < 0$,则把 Z_{xy} 作为输出值,否则把 Z_{med} 作为输出值。

例 8-4 使用自适应中值滤波器对受椒盐噪声污染的图像进行滤波处理。

```matlab
% 读入图像 I
I = imread('Boat.tiff');
% 被密度为 0.2 的椒盐噪声污染的图像 Inoise
Inoise = imnoise(I,'salt & pepper',0.2);
% 显示原图的灰度图 I 和噪声图像 Inoise
subplot(1,3,1),imshow(Ig);title('原始图像');
subplot(1,3,2),imshow(Inoise);title('污染图像');
% 定义参数
% 获取图像尺寸:Im,In
[Im,In] = size(Inoise);
% 起始窗口尺寸:nmin * nmin
nmin = 3;
% 最大窗口尺寸:nmax * nmax
nmax = 9;
% 定义复原后的图像 Imf
Imf = Inoise;
% 因为窗口尺寸是弹性的,所以将 Inoise 固定扩充到最大,
% 即,[(Im + (nmax - 1)) * (In + (nmax - 1))]的大小.
I_ex = [zeros((nmax - 1)/2,In + (nmax - 1));zeros(Im,(nmax - 1)/2), …
Inoise,zeros(Im,(nmax - 1)/2);zeros((nmax - 1)/2,In + (nmax - 1))];
% 自适应滤波过程
% 遍历图像 Inoise 中的每一点
for x = 1:Im
    for y = 1:In
        for n = nmin:2:nmax
            % 图像 Inoise 中的某点(x,y)的邻域 Sxy
            Sxy = I_ex(x + (nmax - 1)/2 - (n - 1)/2:x + (nmax - 1)/2 + (n - 1)/2, … y + (nmax - 1)/2 -
                (n - 1)/2:y + (nmax - 1)/2 + (n - 1)/2);
            Smax = max(max(Sxy));            % 求出窗口内像素的最大值
            Smin = min(min(Sxy));            % 求出窗口内像素的最小值
            Smed = median(median(Sxy));      % 求出窗口内像素的中值
            if Smed > Smin && Smed < Smax
                    if Imf(x,y) <= Smin || Imf(x,y) >= Smax
                    Imf(x,y) = Smed;
                        end
                        break
                end
            end
                Imf(x,y) = Smed;
            end
    end
subplot(1,3,3),imshow(Imf);title('自适应中值滤波效果');
```

上述代码的运行效果如图 8-5 所示。

原始图像   污染图像   自适应中值滤波效果

图 8-5　自适应中值滤波示例

由滤波结果可以看出，自适应中值滤波器在图像的椒盐噪声滤除方面表现出较强性能。

8.3.4　双边滤波器

双边滤波方法（Bilateral Filtering）是由高斯滤波发展出来的，主要是针对高斯滤波器中加权系数仅依赖当前像素与中心像素距离有关的缺陷，将加权系数修改成依赖于像素点间的空间距离和像亮度差异两个因素。由于考虑了亮度差异，双边滤波的去噪过程能够较好地保护图像边缘，具有很强的实用性。

设 X 表示无噪声图像，Y 是 X 受噪声污染后的图像，$\Omega = [1, 2, \cdots, m] \times [1, 2, \cdots, n]$ 为图像的定义区间（像素坐标取值范围），$i = (i_1, i_2) \in \Omega$，$Y(i)$ 表示图像 Y 在位置 i 上的灰度值。

双边滤波器采用局部加权平均的方法对原图像的像素值进行恢复，具体模型为

$$\hat{X}(i) = \frac{\sum_{j \in S_i} w_{ij} Y(j)}{\sum_{j \in S_i} w_{ij}}$$

其中，S_i 表示中心点为 i 的矩形窗邻域。该邻域内的每一个像素点 $Y(j)$ 对中心像素的权值由两部分因子的乘积组成，即

$$w_{ij} = \mathrm{ws}_{ij} \mathrm{wr}_{ij}$$

其中

$$\mathrm{ws}_{ij} = \mathrm{e}^{-\frac{|i_1 - j_1|^2 + |i_2 - j_2|^2}{2\sigma_s^2}}$$

$$\mathrm{wr}_{ij} = \mathrm{e}^{-\frac{|Y(i) - Y(j)|^2}{2\sigma_r^2}}$$

其中，σ_s 与 σ_r 为模型参数。

由上述模型可以看出，双边滤波器的权值计算是两部分因子的非线性组合，即空间邻近度因子 ws 和亮度相似度因子 wr 的乘积。前者随着像素点与中心点之间欧几里得距离的增加而减小，后者随着两像素亮度值之差的增大而减小。在图像变化平缓的区域，邻域内像素亮度值相差不大，双边滤波转换为高斯低通滤波器；在图像变化剧烈的区域，滤波器利用边缘点附近亮度值相近的像素点的亮度值平均代替原亮度值。因此，双边滤波器既平滑滤波了图像，又保持了图像的边缘。

8.3.5 非局部均值滤波器

利用图像的自相似性(周期性),Buades 等在 2005 年 IEEE Computer Society Conference on Computer Vision & Pattern Recognition(CVPR)上,提出了非局部均值滤波器(NLM)算法。仍设 Y 为含噪图像,X 为原始(无噪声)图像,即要恢复的目标,NLM 的数学模型为

$$\hat{X}(i) = \sum_{j \in \Omega} w_{ij} Y(j) = \frac{1}{C(i)} \sum_{j \in \Omega} \exp\left(-\frac{\parallel Y_i - Y_j \parallel^2_{2,a}}{h^2}\right) Y(j)$$

其中,$Y_i = Y(N^d\{i\}) = (Y(j) | j \in N^d\{i\})$ 表示图像 Y 中以像素点 i 为中心的图像块;$C(i) = \sum_j \exp\left(-\frac{\parallel Y_i - Y_j \parallel^2_{2,a}}{h^2}\right)$ 为归一化因子;h 为滤波参数。$\parallel Y_i - Y_j \parallel^2_{2,a}$ 是图像块 Y_i 和 Y_j 间高斯加权的相异性度量,其具体定义如下:

$$\parallel Y_i - Y_j \parallel^2_{2,a} = \sum_{k \in K} G_a(k)(Y(i-k) - Y(j-k))^2$$

其中,$K = \{(k_1, k_2) | |k_1| \leqslant d, |k_2| \leqslant d\}$ 是半径为 d、原点为中心点的像素坐标邻域,且

$$G_a(k) = \frac{1}{2\pi a^2} \exp\left(-\frac{k_1^2 + k_2^2}{2a^2}\right), \quad k = (k_1, k_2)$$

为标准差为 a 的高斯核。

可以证明图像块 Y_i 和 Y_j 的相异性度量满足:

$$E \parallel Y_i - Y_j \parallel^2_{2,a} = \parallel X_i - X_j \parallel^2_{2,a} + 2\sigma^2$$

其中,σ 为噪声标准差。这种概率上的一致性保证了 NLM 中相异性度量的有效性。

由 NLM 的数学模型可以看出,与传统空域滤波器相比,NLM 滤波器具有两个明显的不同:

(1) 传统滤波的算法是以图像的局部光滑为前提,而 NLM 算法是基于图像的周期性(非局部),其搜索窗的范围可取到整个图像的定义区间 Ω。

(2) 传统空域滤波中权值的计算是基于单个像素的,NLM 算法中权值的计算是基于图像块的。

正是由于非局部和基于块的特征滤波器设计策略,使 NLM 取得了好的去噪效果。目前一些优秀的非局部滤波算法如 BM3D、K-SVD 等,其核心思想都是非局部的和基于块的。它们在一定程度上可以看成 NLM 的两个算法特征与其他一些算法技术的杂合[11]。因此说 NLM 在图像的非局部滤波方面具有里程碑意义,对它的深入研究对分析已有算法及设计新的非局部滤波器都有重要意义。

📖 扩展阅读

NLM 的深度学习延伸:通过系统性建模图像中所有位置对的相似性权重,NLM 建立了像素之间的远距离依赖关系,从根本上打破了传统算法受限于局部邻域的理论框架。其后,非局部相似的思想持续发酵,并催生了 BM3D、KSVD 等一些优秀滤波器的产生。NLM 提出后差不多十年左右的时间,这种非局部思想在深度学习时代焕发新生,进一步促成了 Non-Local Block 和 Attention 机制这两个著名网络模块的诞生。与 NLM 采用手工设计的相似性度量不同,这些深度学习模块借助神经网络的端到端学习能力,不仅实现了相似性权重的自适应优化,更发展出层次化、多尺度的智能特征交互体系。这一技术演进过程,再次

印证了经典算法理论体系对新兴技术发展的重要性。

本 章 实 验

实验一　不同滤波器的滤波性能比较

一、实验目的

（1）掌握常用滤波器的 MATLAB 实现。

（2）掌握常用的滤波性能比较方法。

二、实验原理

参考 8.1 节"噪声模型及实现"和 8.2 节"噪声滤除及效果评价"相关内容。

三、实验内容

针对不同噪声类型,分别采用中值滤波器和均值滤波器进行噪声滤除。通过改变噪声强度、滤波窗口大小等参数,对两种滤波器的性能进行讨论。尝试用第 6 章介绍的其他滤波器对图像进行噪声滤除,并讨论其性能。

四、实验报告要求

（1）描述实验的基本原理和步骤。

（2）给出合理的比较指标。

（3）有相应的程序及相应的运行结果。

实验二　细节保持滤波器的实现

一、实验目的

编程体验细节保持滤波器的细节保持性能。

二、实验原理

参考 8.3 节"细节保持滤波器"相关内容。

三、实验内容

编程实现本章所介绍的灰度最小方差滤波器或 k 近邻光滑滤波器,并将其进行图像滤波。比较细节保持滤波器与均值或中值滤波器在图像去噪过程中的细节保持能力。

四、实验报告要求

（1）描述实验的基本原理和步骤。

（2）有相应的程序及运行结果。

（3）有必要的结果分析。

实验三　NLM 滤波器实现

一、实验目的

比较 NLM 滤波器与均值滤波器,中值滤波器的方法噪声评价指标,体验 NLM 算法的强大细节保持功能。

二、实验原理

参考 8.3 节"细节保持滤波器"的相关内容。

图像去噪

三、实验内容

通过网络查找并下载 NLM 滤波器的代码。在此基础上与其他滤波器进行图像去噪的效果比较。

四、实验报告要求

（1）描述实验的基本原理和步骤。

（2）对所查找到的代码的关键部分给出必要的注释说明。

（3）对不同算法的实验结果进行主客（视觉效果）和客观（量化指标）比较。

第9章　图　像　分　割

> **内容提要**

本章介绍数字图像分割的基本算法及 MATLAB 实现。主要包括间断检测、阈值分割和基于区域的图像分割算法。

> **知识要点**

◇ 点检测、线检测。

◇ 边缘检测。

◇ 区域生长法、区域分裂合并法。

◇ 分水岭算法。

> **教学建议**

◇ 本章教学安排建议 10 课时左右。其中,点检测与线检测 2 课时;边缘检测 2 课时;阈值分割 2 课时;区域分割及分水岭算法 2 课时;实验专题及评讲 2 课时。重点掌握各算法物理直觉及程序实现。

◇ 掌握各算法,特别是一阶微分算子、二阶微分算子的理论推导过程。

为了有效地进行图像的后续应用,如图像分析、图像理解等,常需先将图像分割成某些感兴趣的目标。这些目标可能非常明显,也可能很细微,以致人眼觉察不出来。因此,图像分割在图像处理中占据非常重要的位置,且往往具有较高的挑战性。

灰度图像的分割通常基于图像亮度值的两个基本特性,即不连续性和相似性,并由此衍生出三类图像分割方法,即间断检测、阈值分割法与区域分割法。

9.1　点检测与线检测

本节将讨论数字图像中间断检测的两种简单类型:点检测与线检测。

9.1.1　点检测

由于点和线是图像中灰度变化较快的地方,一种最基本的点、线检测算法便是利用6.4.2 节介绍的锐化滤波。

为了进行图像中孤立点的检测,可使用图 9-1 的锐化滤波器模板。

若

$$|R| \geqslant T$$

则表明与模板中心位置相对应的像素点为一孤立点。其中,R 为滤波结果;T 为非负阈值。

-1	-1	-1
-1	8	-1
-1	-1	-1

图 9-1　线性高通锐化滤波器模板

点检测在 MATLAB 中可用函数 imfilter 实现。具体方式为

g = abs(imfilter(double(f),w))> = T

例 9-1　对一幅图像进行点检测。

```
f = imread('test_pixel.tif');
imshow(f);
title('原始图像');
w = [ - 1 - 1 - 1; - 1 8 - 1; - 1 - 1 - 1];
g = abs(imfilter(double(f),w));
T = max(g(:));
g = g> = T;
figure,imshow(g);
title('点检测结果');
```

上述代码的运行结果如图 9-2 所示。

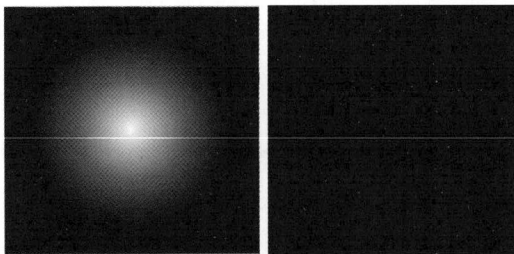

图 9-2　点检测示例

9.1.2　线检测

与点检测相比,线检测要考虑方向性,故模板稍微复杂些。典型的线检测模板如图 9-3 所示。

-1	-1	-1
2	2	2
-1	-1	-1

（水平）

-1	-1	2
-1	2	-1
2	-1	-1

（+45°）

-1	2	-1
-1	2	-1
-1	2	-1

（竖直）

2	-1	-1
-1	2	-1
-1	-1	2

（−45°）

图 9-3　线检测模板

例 9-2　对一幅图像进行线检测。

```
f = imread('gantrycrane.png');
f = rgb2gray(f);
```

```
imshow(f);
title('原始图像');
w = [2 −1 −1; −1 2 −1; −1 −1 2];
g = abs(imfilter(double(f),w));
figure,imshow(g,[]);
title('线性检测结果');
```

上面代码的运行结果如图 9-4 所示。

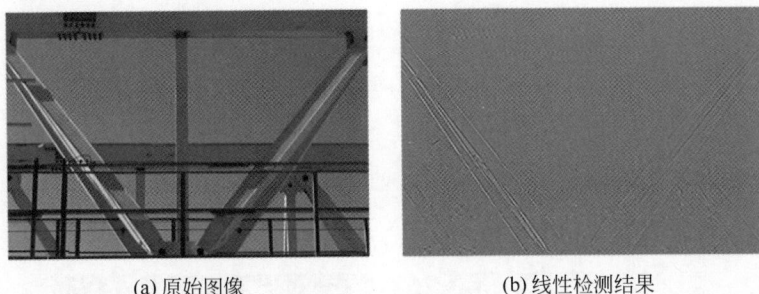

(a) 原始图像   (b) 线性检测结果

图 9-4 线检测示例

在 4.4 节提到 Hough 变换是图像中判断哪些点共线的一种有效方法,因此也可用 Hough 变换来检测图像中的直线。

用 Hough 变换检测图像的基本步骤是:

(1) 对图像进行 Hough 变换;

(2) 找出变换域中的峰值数据;

(3) 根据峰值数据的空域坐标绘出对应直线。

例 9-3 使用 Hough 变换对图像进行线检测。

```
clear;
clc;
f = imread('coloredChips.png');
f = rgb2gray(f);
f = f(round(end/2):end,1:round(end/2));
BW = edge(f,'canny');
imshow(f);
title('原始图像');
[row,col] = size(BW);
rhomax = round((row * row + col * col)^0.5);
A = zeros(2 * rhomax,180);
for m = 1:row
    for n = 1:col
        if BW(m,n)> 0
            for thera = 1:180
                r = thera/180 * pi;                %角度转换
                rho = round(m * cos(r) + n * sin(r));
                %Hough 变换
                rho = rho + rhomax + 1;            %坐标平移
                A(rho,thera) = A(rho,thera) + 1;
            end
```

图像分割

```
            end
        end
    end
[rho,thera] = find(A > 130);                    % 超过130个点共线，视为直线
nma = length(rho);
figure,imshow(BW);
for i = 1:nma
    hold on
        m = 1:row;
         % rho = ma(i) − 1;
        r = thera(i)/180 * pi;
        n = (rho(i) − rhomax − m * cos(r))/(0.00001 + sin(r));
        plot(n,m,'w − ','LineWidth',6);
end
title('Hough线检测结果');
```

上述代码的运行结果如图 9-5 所示。

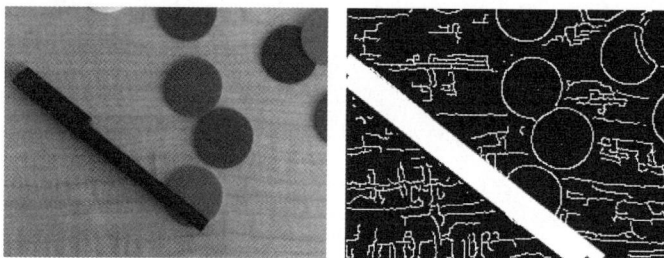

图 9-5   Hough 变换的线检测示例(1)

下面采用 MATLAB 图像工具箱中提供的 Hough 变换函数进行线检测。

例 9-4   使用 MATLAB 工具箱中的 Hough 变换函数对图像进行线检测。

```
I = imread('circuit.tif');
rotI = imrotate(I,33,'crop');
BW = edge(rotI,'canny');
imshow(BW);
title('原始图像');
% 对图像进行 Hough 变换
[H,T,R] = hough(BW);
% 显示变换域
figure,imshow(H,[],'XData',T,'YData',R, …
            'InitialMagnification','fit');
xlabel('\theta'), ylabel('\rho');
axis on, axis normal, hold on;
title('变换域');
% 计算变换域峰值
P = houghpeaks(H,5,'threshold',ceil(0.3 * max(H(:))));
x = T(P(:,2)); y = R(P(:,1));
plot(x,y,'s','color','white');
% 标记直线
lines = houghlines(BW,T,R,P,'FillGap',5,'MinLength',7);
figure, imshow(rotI), hold on;
max_len = 0;
```

```
for k = 1:length(lines)
    xy = [lines(k).point1; lines(k).point2];
    plot(xy(:,1),xy(:,2),'LineWidth',2,'Color','white');
    % Plot beginnings and ends of lines
    plot(xy(1,1),xy(1,2),'xw','LineWidth',2);
    plot(xy(2,1),xy(2,2),'xw','LineWidth',2);
    % Determine the endpoints of the longest line segment
    len = norm(lines(k).point1 - lines(k).point2);
    if (len > max_len)
        max_len = len;
        xy_long = xy;
    end
end
title('检测结果');
```

上述代码的运行结果如图 9-6 所示。

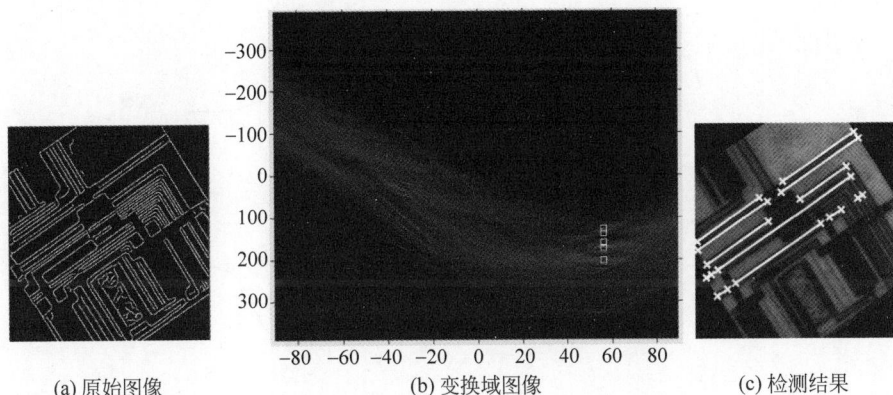

(a) 原始图像　　　　　　　(b) 变换域图像　　　　　　　(c) 检测结果

图 9-6　Hough 变换的线检测示例(2)

由于例 9-4 在线检测过程中注意了线的筛选与连接,检测性能得到提高。

📖 扩展阅读

　　直线检测的意义:直线检测技术对于发现人造目标具有特殊意义。与自然景物不同,建筑物、道路、机械设备等人造物体通常具有明显的直线特征。通过检测这些直线特征,我们不仅能够高效定位和测量各类人造设施,还能理解其设计意图和功能属性。例如在城市规划中,直线检测可以快速识别建筑轮廓和道路网络;在工业生产中,可精确测量机械零件的几何尺寸。在军事领域进行隐形战机设计时,为了减少被雷达等探测器发现的概率,则需要刻意消除直线特征,这从反面印证了直线作为人造目标的"指纹特征"的重要性。

9.2　边　缘　检　测

9.2.1　图像不连续性的数学刻画

　　实际中图像边缘的表现形式是相当复杂的,如图 9-7 所示的两种灰度变化均表现为边缘。

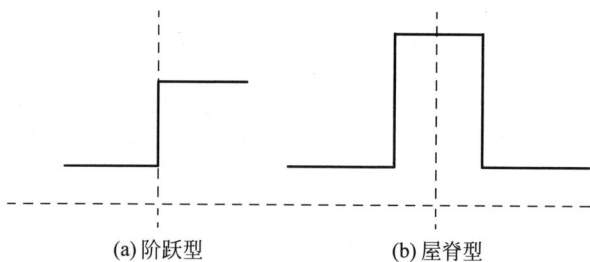

(a)阶跃型　　　　　　　　(b)屋脊型

图 9-7　图像边缘的复杂性

尽管点检测和线检测对图像分割非常重要,考虑到实际中图像边缘的复杂性,边缘检测最常用的方法还是检测亮度值的不连续性。这种不连续性在数学上是用一阶和二阶微分来刻画的,如图 9-8 所示。

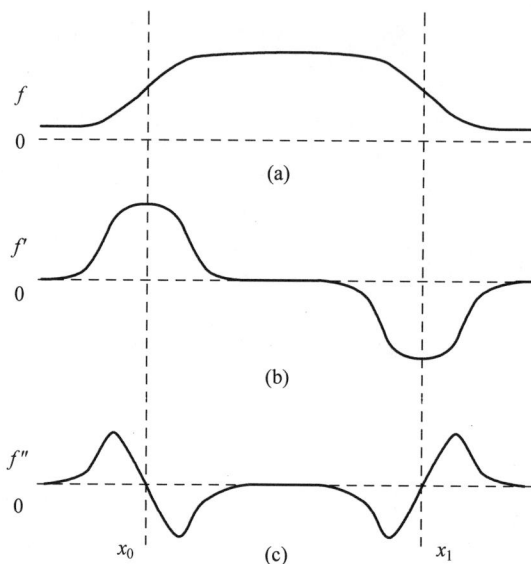

图 9-8　图像边缘的微分刻画

在图像处理中所采用的一阶导数形式为梯度。为方便起见,重写 6.4 节中图像梯度的定义。图像可以看成二维函数 $f(x,y)$,其中(x,y)为像素坐标,函数值为相应像素的灰度,则在位置(x,y)处的像素梯度定义为

$$\nabla f \equiv \begin{bmatrix} \dfrac{\partial f}{\partial x} & \dfrac{\partial f}{\partial y} \end{bmatrix}$$

梯度是一个矢量,在具体实现过程中需离散化处理,并用两个模板分别沿 x 和 y 两个方向计算。梯度的模为

$$|\nabla f| = \sqrt{(\nabla x)^2 + (\nabla y)^2}$$

其中

$$\nabla x = f(x+1,y) - f(x,y)$$
$$\nabla y = f(x,y+1) - f(x,y)$$

梯度方向与水平方向的夹角为

$$\phi = \arctan\left(\frac{\nabla x}{\nabla y}\right)$$

许多经典算子,如 Roberts 算子、Sobel 算子、Prewitt 算子等都是基于一阶微分提出来的。

考虑到二阶导数过零点与一阶导数的最大值对应这一数学性质,也可用二阶微分方法找边缘,即原函数变化最大的地方。一般地,二阶导数表示如下:

$$\nabla^2 f \equiv \frac{\partial^2 f}{\partial x^2} + \frac{\partial^2 f}{\partial y^2}$$

其中

$$\frac{\partial^2 f}{\partial x^2} = \frac{\partial\left[f(i+1,j) - f(i,j)\right]}{\partial x}$$

$$= \frac{\partial f(i+1,j)}{\partial x} - \frac{\partial f(i,j)}{\partial x}$$

$$= \left[f(i+1,j) - 2f(i,j)\right] + f(i-1,j)$$

类似推导可得

$$\frac{\partial^2 f}{\partial y^2} = \left[f(i,j+1) - 2f(i,j)\right] + f(i,j-1)$$

从而,二阶导数的卷积模板可表示为图 9-9。

0	1	0
1	-4	1
0	1	0

图 9-9 二阶导数的卷积模板

9.2.2 Roberts 算子

梯度算子是由水平和竖直的两个方向差分构成的,Roberts 边缘检测算子则采用对角线方向上的差分:

$$\Delta_x f = f(i,j) - f(i+1,j+1)$$
$$\Delta_y f = f(i,j+1) - f(i+1,j)$$

其幅值(模)为

$$R(i,j) = \sqrt{\Delta_x^2 f + \Delta_y^2 f}$$

其具体实现过程可采用如下的两个 2×2 卷积模板:

$$G_x = \begin{bmatrix} 1 & 0 \\ 0 & -1 \end{bmatrix}, \quad G_y = \begin{bmatrix} 0 & 1 \\ -1 & 0 \end{bmatrix}$$

有了这两个卷积算子就可以计算出 Roberts 梯度幅值 $R(i,j)$,再取适当阈值 TH,如果 $R(i,j) \geqslant$ TH 则为边缘点。

Roberts 边缘检测算子采用对角线方向相邻像素之差近似检测边缘,定位精度高,在水平和垂直方向效果较好,但容易受噪声影响。

9.2.3 Sobel 算子

Sobel 算子也是一个离散微分算子,为了抑制噪声,在梯度计算过程中对中心点施加权重,其数字梯度近似等于下式:

$$G_x = \{f(x+1,y-1) + 2f(x+1,y) + f(x+1,y+1)\}$$
$$- \{f(x-1,y-1) + 2f(x-1,y) + f(x-1,y-1)\}$$
$$G_y = \{f(x-1,y+1) + 2f(x,y+1) + f(x+1,y+1)\}$$
$$- \{f(x-1,y-1) + 2f(x,y-1) + f(x+1,y-1)\}$$

其梯度幅值(模)为

$$g(x,y) = \sqrt{G_x^2 + G_y^2}$$

它的卷积模板算子如下:

$$G_x = \begin{bmatrix} -1 & 0 & 1 \\ -2 & 0 & 2 \\ -1 & 0 & 1 \end{bmatrix}, \quad G_y = \begin{bmatrix} -1 & -2 & -1 \\ 0 & 0 & 0 \\ 1 & 2 & 1 \end{bmatrix}$$

使用 Sobel 算子检测图像边缘,可以使用水平模板 G_x 和垂直模板 G_y 对图像进行卷积运算,可以得到 2 个同样大小的梯度矩阵 $\boldsymbol{M}_1$ 和 $\boldsymbol{M}_2$ 作为原始图像,然后总的梯度值可以通过两个梯度矩阵相加得到,再通过阈值法得到图像的边缘。

Sobel 算子利用像素的上、下、左、右邻域的灰度加权算法,根据在边缘点处达到极值这一原理进行边缘检测。可以提供较为精确的边缘方向信息。但是,在抗噪声性能好的同时增加了计算量,而且也会检测伪边缘,定位精度不高。如果检测中对精度的要求不高,该方法较为常用。

9.2.4 Prewitt 算子

Prewitt 算子与 Sobel 算子的工作原理相似。也是离散化获取图像的梯度近似值。Prewitt 算子所用的近似梯度为

$$G_x = \{f(x+1,y-1) + f(x+1,y) + f(x+1,y+1)\}$$
$$- \{f(x-1,y-1) + f(x-1,y) + f(x-1,y+1)\}$$
$$G_y = \{f(x-1,y+1) + f(x,y+1) + f(x+1,y+1)\}$$
$$- \{f(x-1,y-1) + f(x,y-1) + f(x+1,y-1)\}$$

由此,得到 Prewitt 算子的两个卷积核分别为

$$G_x = \begin{bmatrix} -1 & 0 & 1 \\ -1 & 0 & 1 \\ -1 & 0 & 1 \end{bmatrix}, \quad G_y = \begin{bmatrix} 1 & 1 & 1 \\ 0 & 0 & 0 \\ -1 & -1 & -1 \end{bmatrix}$$

Prewitt 算子对灰度渐变和噪声较多的图像处理得较好。

9.2.5 拉普拉斯算子

与前面几个算子采用一阶导数定义不同,拉普拉斯(Laplace)算子用二阶导数刻画:

$$\nabla^2 f = \frac{\partial^2 f}{\partial x^2} + \frac{\partial^2 f}{\partial y^2}$$

其中

$$\frac{\partial^2 f}{\partial x^2} = [f(i+1,j) - 2f(i,j)] + f(i-1,j)$$

$$\frac{\partial^2 f}{\partial y^2} = [f(i,j+1) - 2f(i,j)] + f(i,j-1)$$

相应的卷积模板为

$$\nabla^2 = \begin{bmatrix} 0 & 1 & 0 \\ 1 & -4 & 1 \\ 0 & 1 & 0 \end{bmatrix}$$

或

$$\nabla^2 = \begin{bmatrix} 1 & 1 & 1 \\ 1 & -8 & 1 \\ 1 & 1 & 1 \end{bmatrix}$$

由于拉普拉斯算子是用二阶导数来刻画的,其对噪声有极高的敏感性,且不易检测出边缘的方向。因此,拉普拉斯算子很少直接用于边缘检测,而主要用于已知边缘像素,确定该像素是在图像的暗区还是在明区。

基于这些原因,拉普拉斯算子在边缘提取方面比前面基于一阶导数的算子用得少。如果对图像先做平滑操作则可以有效降低噪声的影响,下面介绍的 LOG 算子就是基于这一思想。

9.2.6 LOG 算子与 DOG 算子

一阶微分组成的梯度是一种矢量,不但有大小还有方向,和标量比较,数据存储量比较大。拉普拉斯算子是对二维函数进行运算的二阶微分算子,是一个标量,与方向无关,属于各向同性的运算,对取向不敏感,因而计算量要小。拉普拉斯算子有两个缺点:

(1) 边缘的方向信息丢失。

(2) 拉普拉斯算子是二阶微分,双倍加强了图像中的噪声影响。

为了减少噪声影响,LOG(Laplacian of Gauss)算子首先对图像用高斯(Gauss)函数进行平滑,然后再利用拉普拉斯算子对平滑的图像求二阶导数进行边缘提取。用 LOG 边缘检测算子需用较大的窗口才能得到较好的边缘检测的效果。然而,大窗口虽然抗噪能力强,但边缘细节丢掉较多,而小窗口虽然获得较高的边缘定位精度,对滤除噪声又不够有效。所以,这种方法在去除干扰和复杂形状的边缘提取之间存在矛盾。

1. LOG 算子

$$h(x,y) = \nabla^2 [G(x,y) * f(x,y)]$$

而根据卷积求导法有

$$h(x,y) = [\nabla^2 G(x,y)] * f(x,y)$$

其中,$f(x,y)$ 为图像;$g(x,y)$ 为高斯函数:

$$G(x,y) = \frac{1}{2\pi\sigma^2} \exp\left[-\frac{x^2+y^2}{2\sigma^2}\right]$$

Content:

$$\frac{\partial G(x,y)}{\partial x}=\frac{\partial\frac{1}{2\pi\sigma^2}\exp\left[-\frac{x^2+y^2}{2\sigma^2}\right]}{\partial x}=\frac{1}{2\pi\sigma^2}\exp\left[-\frac{x^2+y^2}{2\sigma^2}\right]\left(-\frac{x}{\sigma^2}\right)$$

$$\frac{\partial^2 G(x,y)}{\partial x^2}=\frac{1}{2\pi\sigma^2}\exp\left[-\frac{x^2+y^2}{2\sigma^2}\right]\left(\frac{x^2}{\sigma^4}\right)+\frac{1}{2\pi\sigma^2}\exp\left[-\frac{x^2+y^2}{2\sigma^2}\right]\left(-\frac{1}{\sigma^2}\right)$$

$$=\frac{1}{2\pi\sigma^4}\exp\left[-\frac{x^2+y^2}{2\sigma^2}\right]\left(\frac{x^2}{\sigma^2}-1\right)$$

类似有

$$\frac{\partial^2 G(x,y)}{\partial y^2}=\frac{1}{2\pi\sigma^4}\exp\left[-\frac{x^2+y^2}{2\sigma^2}\right]\left(\frac{y^2}{\sigma^2}-1\right)$$

故

$$\nabla^2 G(x,y)=\frac{\partial^2 G(x,y)}{\partial x^2}+\frac{\partial^2 G(x,y)}{\partial y^2}$$

$$=\frac{1}{2\pi\sigma^4}\left(\frac{x^2+y^2}{\sigma^2}-2\right)\exp\left[-\frac{x^2+y^2}{2\sigma^2}\right]$$

有两种等效计算方法:

(1) 图像与高斯函数卷积,再求卷积的拉普拉斯微分。

(2) 求高斯函数的拉普拉斯微分,再与图像卷积。

二维 LOG 算子的一个 5×5 卷积模板表示如下:

$$\begin{bmatrix}0 & 0 & -1 & 0 & 0\\ 0 & -1 & -2 & -1 & 0\\ -1 & -2 & 16 & -2 & -1\\ 0 & -1 & -2 & -1 & 0\\ 0 & 0 & -1 & 0 & 0\end{bmatrix}$$

2. DOG 算子

在实际使用中,常常对 LOG 算子进行简化,使用差分高斯函数(DOG)代替 LOG 算子:

$$\text{DOG}(\sigma_1,\sigma_2)=\frac{1}{\sqrt{2\pi}\sigma_1}\exp\left[-\frac{x^2+y^2}{2\sigma_1^2}\right]-\frac{1}{\sqrt{2\pi}\sigma_2}\exp\left[-\frac{x^2+y^2}{2\sigma_2^2}\right]$$

一个 DOG 算子的 5×5 模板如下:

$$\begin{bmatrix}-2 & -4 & -4 & -4 & -2\\ -4 & 0 & 8 & 0 & -4\\ -4 & 8 & 24 & 8 & -4\\ -4 & 0 & 8 & 0 & -4\\ -2 & -4 & -4 & -4 & -2\end{bmatrix}$$

研究表明,DOG 算子较好地符合人的视觉特性。根据二阶导数的性质,检测边界就是寻找 $\nabla^2 * f$ 的过零点。

LOG 算子与 DOG 算子能有效地检测边界,但存在两个问题:一是会产生虚假边界;二是定位精度不高。并且在实际应用中,还应注意以下问题:

(1) 参数 σ 的选择。

（2）模板尺寸的确定。

（3）边界强度和方向。

（4）提取边界的精度。

为取得更佳的效果，对于不同图像往往需要选择不同参数。

9.2.7　Canny 算子

Canny 算子的梯度是用高斯滤波器的导数计算的，检测边缘的方法是寻找图像梯度的局部极大值。

Canny 算法步骤如下：

（1）用高斯滤波器平滑图像 $f(x,y)$，得到 $f(x,y) * G_\alpha(x,y)$，其中，α 为相应的尺度因子。

（2）计算滤波后图像梯度的幅值 M_α 和方向 A_α：

$$M_\alpha = \| f(x,y) * \nabla G_\alpha(x,y) \|, \quad A_\alpha = \frac{f(x,y) * \nabla G_\alpha(x,y)}{\| f(x,y) * \nabla G_\alpha(x,y) \|}$$

（3）对梯度幅值应用非极大值抑制，其过程为找出图像梯度中的局部极大值点，把其他非局部极大值点置零以得到细化的边缘。

（4）用双阈值算法检测和连续边缘，使用两个阈值 T_1 和 $T_2(T_1 > T_2)$，T_1 用来找到每条线段，T_2 用来在这些线段的两个方向上延伸寻找边缘的断裂处，并连接这些边缘。

Canny 方法使用两个阈值来分别检测强边缘和弱边缘，而且仅当弱边缘与强边缘相连时，弱边缘才会包含在输出中。因此此方法不容易受噪声的干扰，能够检测到弱边缘。

MATLAB 图像处理工具箱使用 edge 函数实现本节上述的边缘检测算子，具体语法如下：

```
BW = edge(I)
BW = edge(I,method)
BW = edge(I,method,threshold)
BW = edge(I,method,threshold,direction)
BW = edge(I,method,threshold,direction,'nothinning')
BW = edge(I,method,threshold,direction,sigma)
[BW,threshOut] = edge(_____)
[gpuarrayBW,threshOut] = edge(gpuarrayI,_____)
```

其中，I 为检测图像；BW 为输出结果；method 为检测算子类型（有 'Canny' 'log' 'Prewitt' 'Roberts' 'Sobel' 'zerocross' 等），threshold 为阈值，direction 用于指定图像方向；'nothinning' 表明不需对图像进行细化处理；sigma 用于指定 LOG 算子、Canny 算子中的高斯核标准差。语法的最后两行则表明该函数可在 GPU 上运行。

例 9-5　使用 edge 函数对图像进行边缘检测。

```
I = imread('circuit.tif');
imshow(I);
title('原始图像')
BW1 = edge(I,'Canny');
BW2 = edge(I,'Prewitt');
figure,imshow(BW1);
```

```
title('Canny算子检测结果');
figure,imshow(BW2);
title('Prewitt 算子检测结果');
```

上述代码的运行结果如图 9-10 所示。

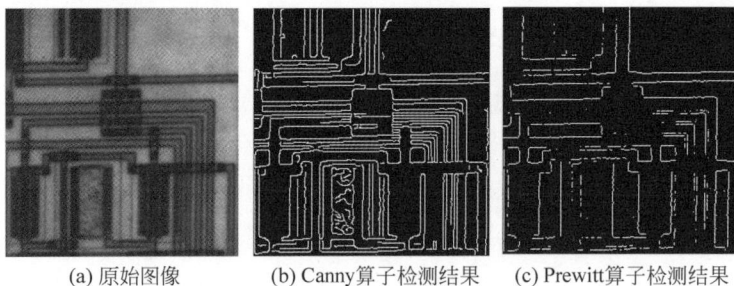

(a) 原始图像　　　(b) Canny算子检测结果　　　(c) Prewitt算子检测结果

图 9-10　edge 函数边缘检测示例

9.2.8　形态学算子

用第 5 章介绍的形态学腐蚀、膨胀算子可构造图像的形态学梯度：

$$(f \oplus B) - (f \ominus B)$$

其中，$\oplus$ 为膨胀算子；$\ominus$ 为腐蚀算子；f 为图像矩阵；B 为结构元素。

也可用开运算和闭运算构造图像的形态学梯度：

$$(f \cdot B) - (f \circ B)$$

其中，$\circ$ 为开运算符；$\cdot$ 为闭运算符。

例 9-6　使用形态学梯度检测图像边缘。

```
I = imread('circles.png');
imshow(I);
title('原始图像');
se = strel('disk',1);
I1 = imdilate(I,se);
I2 = imerode(I,se);
BI = I1 - I2;
figure,imshow(BI);
title('形态学提取边缘');
```

上述代码的运行结果如图 9-11 所示。

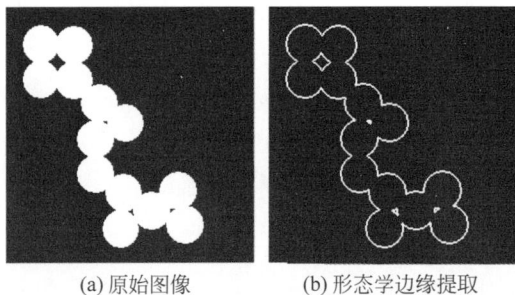

(a) 原始图像　　　(b) 形态学边缘提取

图 9-11　形态学边缘提取示例

形态学边缘提取具有不受边缘的方向性影响、抗噪声能力强等优点，但同时也增加了运算复杂度。

Canny 算子：Canny 算子是计算机视觉领域最具影响力的经典边缘检测算法之一，由 John Canny 于 1986 年提出。其创新性地采用多级优化策略（高斯滤波、非极大值抑制和双阈值检测）实现了边缘检测精度与效率的完美平衡。经过近四十年的发展，尽管深度学习边缘检测方法兴起，Canny 算子凭借其优异的实时性能（微秒级响应）和明确的可解释性，至今仍在工业质检、自动驾驶感知等对计算效率要求苛刻的领域保持着不可替代的地位。

从理论到工程：从拉普拉斯算子到 LOG 再到 DOG 再到形态学梯度的边缘检测算法演进，展现了计算机视觉领域对边缘检测精度与效率的持续优化。拉普拉斯算子作为二阶微分直接检测灰度突变，虽计算简单但对噪声敏感；LOG 算子创新性地引入高斯滤波预处理，通过"平滑＋微分"显著提升抗噪性；而 DOG 算子则通过数学近似将 LOG 转换为两个高斯核的差值，在保持检测精度的同时大幅提升计算效率，成为 SIFT 等经典特征检测算法的核心组件；形态学梯度另辟蹊径，利用膨胀腐蚀运算实现高效的边缘提取。这一演进历程充分展现了从理论突破到工程优化的创新路径。

9.3　基于灰度阈值的图像分割

若图像中目标和背景属于不同的灰度区间，且这两个区间可用一个灰度级阈值 T 进行分离，则此种情况便可使用灰度阈值将图像分为目标区域与背景区域。

阈值分割法的基本原理是：通过设定不同的灰度阈值，把图像像素点分为若干类。最简单的阈值分割是：按照一定准则确定阈值 T，以此准则将原始图像 $f(x,y)$ 分成目标和背景两个部分，设分割后的图像为 $g(x,y)$，则有

$$g(x,y) = \begin{cases} b_0, & f(x,y) < T \\ b_1, & f(x,y) \geqslant T \end{cases}$$

若取：$b_0 = 0$（黑），$b_1 = 1$（白），即得到图像分割的二值化结果。由上式可知，阈值分割法的算法核心在阈值的确定。由于直观、简单，阈值分割法在图像分割中占有重要地位。依据阈值的不同选取方法，可分为全局阈值分割和局部阈值分割。全局阈值分割指利用全局信息对整幅图像求出最优分割阈值，可以是单阈值，也可以是多阈值；局部阈值分割是把原始的整幅图像分为几个小的子图像，再对每个子图像应用全局阈值分割分别求出最优分割阈值。阈值分割算法的结果很大程度上依赖于阈值的选择，因此该算法的关键是如何选择合适的阈值。

9.3.1　全局阈值分割

基于点的全局阈值分割是最简单常用的一种阈值分割算法，这类算法仅利用直方图提供的灰度级信息进行全局阈值选取的方式称为选取，具有时间复杂度较低、易于实现等优点。其他阈值分割算法多可看成这类算法的推广。

1. 数据拟合法选取阈值

假定目标和背景分别处于不同灰度级，图像的灰度分布曲线近似用两个正态分布概率

密度函数分别代表目标和背景的直方图,利用这两个函数的合成曲线拟合整体图像的直方图,图像的直方图将会出现两个分离的峰值,如图 9-12 所示。

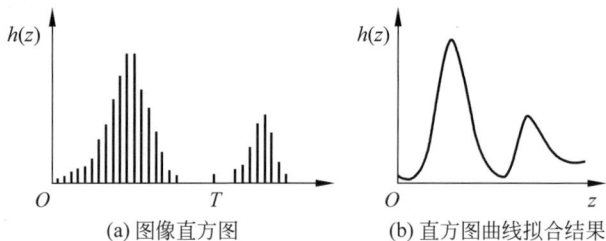

(a) 图像直方图　　　　　　(b) 直方图曲线拟合结果

图 9-12　最小值点阈值确定

用 $h(z)$ 代表直方图,那么极小值点应满足:

$$\frac{\partial h(z)}{\partial z} = 0, \quad \frac{\partial^2 h(z)}{\partial z^2} > 0$$

该方法适用于具有良好双峰性质的图像,但需要用到数值逼近等计算,算法十分复杂。

2. 基于误分率最小的阈值选取

有时目标和背景的灰度值有部分交错,用 1 个全局阈值并不能将它们绝对分开。这时最优阈值的选取标准常为使图像误分割的概率最小。仍假设一幅图像仅包含目标和背景两个灰度区域,则其直方图可看成灰度值概率密度函数 $p(z)$ 的一个近似。而这个密度函数实际上是目标和背景的 2 个单峰密度函数之和。如果已知密度函数的形式,那么就有可能选取 1 个最优阈值把图像分成 2 类区域而使误差最小。

设目标和背景的像素灰度均服从正态分布,则整幅图像的混合概率密度是

$$p(z) = P_1 p_1(z) + P_2 p_2(z)$$
$$= \frac{P_1}{\sqrt{2\pi}\sigma_1} \exp\left[-\frac{(z-\mu_1)^2}{2\sigma_1^2}\right] + \frac{P_2}{\sqrt{2\pi}\sigma_2} \exp\left[-\frac{(z-\mu_2)^2}{2\sigma_2^2}\right]$$

其中,μ_1 和 μ_2 分别是两个区域灰度分布的期望;σ_1 和 σ_2 分别是标准方差;P_1 和 P_2 分别是背景和目标区域灰度值的先验概率。根据概率定义有 $P_1 + P_2 = 1$,所以混合概率密度中有 5 个未知的参数。如果能确定出这些参数就可以确定混合概率密度。

假设 $\mu_1 < \mu_2$,需定义 1 个阈值 T 使得灰度值小于 T 的像素分割为背景,而使得灰度值大于 T 的像素分割为目标。这时错误地将 1 个目标像素划分为背景的概率和 1 个背景像素错误地划分为目标的概率分别为

$$E_1(T) = \int_{-\infty}^{T} p_2(z)\,\mathrm{d}z$$

$$E_2(T) = \int_{T}^{\infty} p_1(z)\,\mathrm{d}z$$

则使用阈值 T 对图像进行分割所造成的总误差概率为

$$E(T) = P_2 E_1(T) + P_1 E_2(T)$$

上式对 T 求导并令导数为零,这样可得

$$P_1 p_1(T) = P_2 p_2(T)$$

代入正态密度公式求解上述方程便可得最优阈值 T。当 $\sigma_1 = \sigma_2$ 时,所解最优阈值为

$$T_{\text{optimal}} = \frac{\mu_1 + \mu_2}{2} + \frac{\sigma^2}{\mu_1 - \mu_2} \ln\left(\frac{P_2}{P_1}\right)$$

3. 迭代法选取阈值

在实际阈值分割过程中,往往需要能够自动获取阈值,下面的算法可以自动获得全局阈值:

(1) 求出图像的最大灰度值和最小灰度值,分别记为 $Z_{\max}$ 和 $Z_{\min}$,令初始阈值 $T_0 = (Z_{\max} + Z_{\min})/2$。

(2) 根据阈值 T_K 将图像分割为前景和背景,分别求出两者的平均灰度值 ZO 和 ZB。

(3) 求出新阈值 $T_{K+1} = (\text{ZO} + \text{ZB})/2$。

(4) 若 $T_K = T_{K+1}$,则所得即为阈值;否则转(2)。

对于直方图双峰明显、谷底较深的图像,迭代方法可以较快地获得满意结果。但是对于直方图双峰不明显,或图像目标和背景比例差异悬殊,迭代法所选取的阈值不如最大类间方差法。

4. OTSU 算法选取阈值

OTSU 算法,又称最大类间方差阈值选择法,是一种自适应的阈值确定的方法。它是按图像的灰度特性,将图像分成背景和目标两部分。背景和目标之间的类间方差越大,说明构成图像的两部分的差别越大。当部分目标错分为背景或部分背景错分为目标时都会导致两部分差别变小。因此,使类间方差最大的分割,从模式识别意味来讲,意味着错分概率最小。

设 X 是一幅具有 L 级灰度级的图像,其中第 i 级像素为 N_i 个,其中 i 的值为 $0 \sim L-1$,图像的总像素点个数为

$$N = \sum_{i=0}^{L-1} N_i$$

第 i 级出现的概率为

$$P_i = \frac{N_i}{N}$$

在 OTSU 算法中,以阈值 k 将所有的像素分为目标 C_0 和背景 C_1 两类。其中,C_0 类的像素灰度级为 $0 \sim k-1$,C_1 类的像素灰度级为 $k \sim L-1$。

图像的总平均灰度级为

$$\mu = \sum_{i=0}^{L-1} iP_i$$

C_0 类像素所占的总面积的比例为

$$\omega_0 = \sum_{i=0}^{k-1} P_i$$

C_1 类像素所占的总面积的比例为

$$\omega_1 = 1 - \omega_0$$

C_0 类像素的平均灰度级为

$$\mu_0 = \mu_0(k)/\omega_0$$

C_1 类像素的平均灰度级为

$$\mu_1 = \mu_1(k)/\omega_1$$

其中

$$\mu_0(k) = \sum_{i=0}^{k-1} iP_i$$

$$\mu_1(k) = \sum_{i=k}^{L-1} iP_i = 1 - \mu_0(k)$$

最大类间方差的公式为

$$\delta^2(k) = \omega_0(\mu - \mu_0)^2 + \omega_1(\mu - \mu_1)^2$$

令 k 在 $0 \sim L-1$ 变化,计算在不同 k 值下的类间方差 $\delta^2(k)$,使 $\delta^2(k)$ 取得最大值时的那个 k 值就是所要求的最优阈值。

例 9-7 使用迭代法确定阈值进行图像分割。

```
I = imread('coins.png');
figure
subplot(1,2,1)
imshow(I);
title('原图');
I = double(I);
T = (min(I(:)) + max(I(:)))/2;
done = false;
i = 0;
while ~done
        r1 = find(I <= T);
        r2 = find(I > T);
        Tnew = (mean(I(r1)) + mean(I(r2)))/2;
        done = abs(Tnew - T)< 1;
        T = Tnew;
        i = i + 1;
end
 I(r1) = 0;
 I(r2) = 1;
 subplot(1,2,2)
 imshow(I);
title('分割结果');
```

上述代码的运行结果如图 9-13 所示。

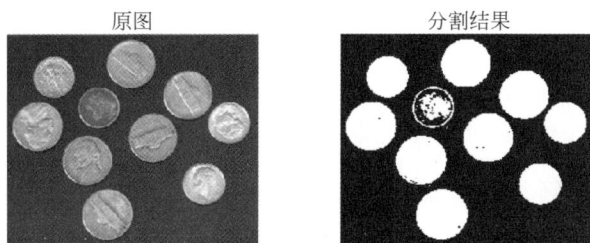

图 9-13　迭代法确定阈值进行图像分割示例

MATLAB 图像处理工具箱采用 graythresh 函数实现 OTSU 算法。

例 9-8 使用 OTSU 算法确定阈值进行图像分割。

```
I = imread('coins.png');
subplot(1,2,1)
imshow(I);
title('原始图像')
level = graythresh(I);
BW = im2bw(I,level);
subplot(1,2,2)
imshow(BW);
title('OTSU算法分割结果');
```

上述代码的运行结果如图 9-14 所示。

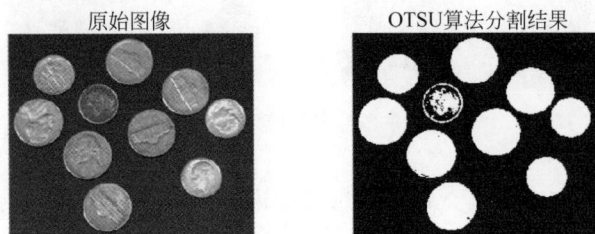

图 9-14　OTSU 算法确定阈值进行图像分割示例

当实际的最佳阈值不在直方图的谷点取到时,基于点的全局阈值分割由于仅依赖灰度信息进行阈值选取,因此很难达到理想的分割效果。很多基于空间信息的阈值化方法被提出。这些算法除了考虑像素的灰度信息还考虑其邻域信息,称为基于区域的全局阈值选取。由于考虑了像素邻域的相关性质,基于区域的全局阈值选取在图像分割时对噪声有一定抑制作用。

9.3.2　局部阈值分割和多阈值分割

当图像中有阴影、光照不均匀、突发噪声、背景灰度变化等情况时,如果仍然只用一个固定的全局阈值对整幅图像进行分割,由于不能兼顾图像各处的这些具体情况,势必会使图像的分割效果受到影响。一种解决办法是用与像素位置相关的一组阈值分别对图像各部分进行分割。这种与像素位置相关的阈值称为动态阈值,此方法称为局部阈值法,也称变化阈值法或自适应阈值法。这类算法从本质上讲,是把图像分成多个部分,在每个部分上再采用全局阈值进行图像分割。局部阈值法的时间复杂度和空间复杂度比较大,但是抗噪能力强,对一些用全局阈值不易分割的图像有较好的效果。

如果图像中含有占据不同灰度级区域的几个目标,在直方图上则表现为多个波谷,此时需要使用多个阈值才能将这些目标分开,称为多阈值分割。显然,多阈值分割和局部阈值分割均可看作单阈值分割的推广。

例 9-9 使用多阈值进行图像分割。

```
I = imread('toyobjects.png');
figure
subplot(1,2,1)
imshow(I);
title('原始图像')
```

```
thresh = multithresh(I,2);              % 生成两个阈值
seg_I = imquantize(I,thresh);           % 用两个阈值进行图像分割
subplot(1,2,2);imshow(seg_I,[]);
title('分割结果');
```

上述代码的运行结果如图 9-15 所示。

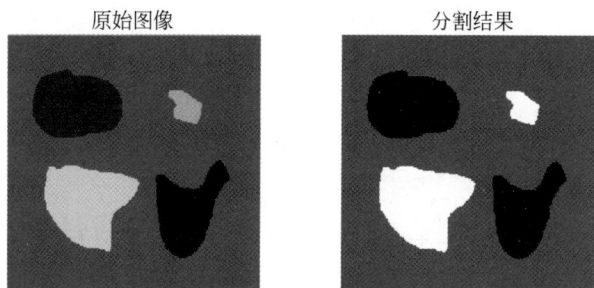

图 9-15　多阈值分割示例

除上述方法外，也有一些研究者将信息熵理论、形态学方法、小波变换、神经网络、人工智能等工具用于阈值确定。

📖 **扩展阅读**

类间方差：类间方差是衡量不同类别数据分离程度的统计量，核心思想是量化类别之间的差异。其定义为各类别均值与总体均值之差的加权平方和，权重为各类别的占比。类间方差越大，说明类别区分越明显，是模式识别和图像分割中的重要优化目标。

9.4　区域生长法与分裂合并法进行图像分割

基于区域的算法是针对同一区域（目标）的像素（往往在灰度、纹理等方面具有共性，而其他区域却不具有这种特性的假设）进行目标分割。基于区域的图像分割比较成熟的算法有三类：区域生长法、分裂合并法、分水岭法。

9.4.1　区域生长法

区域生长是区域分割最基本的方法。所谓区域生长就是一种根据事先定义的准则将像素或子区域聚合成更大区域的过程。具体实现时从一组生长点（可以是单个像素，也可以是某个小区域）开始，搜索其邻域，把图像分割成特征相似的若干区域，比较相邻区域与生长点特征的相似性，若它们足够相似，则作为同一区域合并，形成新的生长点。以此方法将特征相似的区域不断合并，直到不能合并为止，最后形成特征不同的各区域。这种分割方法也称区域扩张法。

区域生长法进行图像分割的效果关键取决于以下三方面工作：

（1）确定区域的数目，也就是选择一组能正确代表所需区域的生长像素或子区域。

（2）选择有意义的特征，也就是确定在生长过程中将相邻区域像素或子区域进行生长的特征因素，如灰度、纹理等。

（3）确定生长及停止准则,即生长过程中一个像素或子区域是否被生长,整个生长过程何时停止的准则。

根据生长准则的计算依据,区域生长可分为单一型(像素与像素)、质心型(像素与区域)和混合型(区域与区域)三种方法。

单一型区域生长法以图像的某个像素为生长点,将特征相似的相邻像素合并为同一区域;然后以合并的像素为生长点,重复以上的操作,最终形成具有相似特征的像素的最大连通集合。

一个以像素灰度为特征的单一型区域生长法的基本步骤如下:

（1）对图像进行光栅扫描,找出尚没有归属的像素。当寻找不到这样的像素时结束操作。

（2）把这个像素灰度同其周围(4-邻域或 8-邻域)不属于任何一个区域的像素进行比较,若灰度差值小于某一阈值,则将它们合并为同一个区域,并对合并的像素赋予标记。

（3）从新合并的像素开始,反复进行步骤(2)的操作,直到区域不能再合并为止。

（4）返回步骤(1)操作,寻找能作为新区域出发点的像素。

这种方法简单,但如果区域之间的边缘灰度变化很平缓或边缘交于一点时,两个区域会合并起来。为消除这一点,在步骤(2)中不是比较相邻像素灰度,而是比较已存在区域的像素灰度平均值与该区域邻接的像素灰度值,即采用质心型生长方法。

区域生长法的优点是计算简单,对较均匀的连通目标分割效果较好,但此类算法对噪声敏感,容易产生孤立点而造成区域空洞。

9.4.2 分裂合并法

分裂合并法对图像的分割是按区域生长法沿相反方向进行的,无须设置种子点。其基本思想是给定相似测度和同质测度。从整幅图像开始,如果区域不满足同质测度,则分裂成任意大小的不重叠子区域,如果两个邻域的子区域满足相似测度则合并。

在一定程度上区域生长和区域分裂合并算法异曲同工、相辅相成。区域分裂合并的最极端情况就是将图像分割成单一像素点,然后按照一定的测量准则进行合并,而这一合并过程在一定程度上可以认为是单一像素点的区域生长法。分裂合并法比区域生长法多了分裂过程,但其合并(生长)过程可在较大的相似区域上进行,区域生长则多数情况是通过单一像素进行生长的。

四叉树分解常被用于图像的分裂合并过程,其基于这样一个事实:在灰度均匀分布的区域内,灰度的一致性较强;而在灰度非均匀分布的区域内,灰度表现出不一致性。灰度不一致的区域可以再分为更小的灰度均匀分布的区域。从原始图像开始,如果灰度的一致性差超过一个预先设定的值,就把其分为四个象限,重复进行以上操作,最终把图像分为灰度一致的图像块,四叉树分解过程示意图如图 9-16 所示。

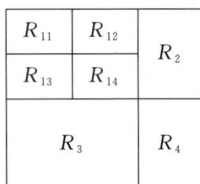

图 9-16　四叉树分解过程示意图

在四叉树分解过程中,一致性指标可以选择如下形式:

(1) 区域中灰度最大值与最小值的差小于阈值。

(2) 区域中灰度值的方差小于某个阈值。

(3) 区域的大小已满足一定阈值,过小不再分裂,过大必须分裂。

MATLAB 图像处理工具箱采用 qtdecomp 函数进行图像的四叉树分解,具体语法如下:

```
S = qtdecomp(I)
S = qtdecomp(I, threshold)
S = qtdecomp(I, threshold, mindim)
S = qtdecomp(I, threshold, [mindim maxdim])
S = qtdecomp(I, fun)
```

其中,I 为待分解图像;threshold 是一个可选参数,如果区域中的灰度最大值减去最小值大于 threshold(已归一化到[0,1]区间),则进行分解;[mindim maxdim]也是可选参数,用来指定最终分解到的子区域大小,如果子区域不在这个区间中则分解继续进行;也可通过 fun 自定义图像分割的一致性标准;如果除 I 外无任何输入参数,则要求区域内的像素灰度值相同,否则继续分解。S 是一个稀疏矩阵,其非 0 元素的位置对应于块的左上角坐标,非 0 元素的值代表块的大小。S 的总大小与 I 相同。

例 9-10 输入一个图像矩阵,并对其进行四叉树分解。

```
I = uint8([1    1    1    1    2    3    6    6; …
           1    1    2    1    4    5    6    8; …
           1    1    1    1    7    7    7    7; …
           1    1    1    1    6    6    5    5; …
           20   22   20   22   1    2    3    4; …
           20   22   22   20   5    4    7    8; …
           20   22   20   20   9    12   40   12; …
           20   22   20   20   13   14   15   16]);
S = qtdecomp(I,.05);        % 进行四叉树分解
disp(full(S));              % 将稀疏矩阵转换为完整矩阵并显示
```

上述代码的运行结果如下:

```
4  0  0  0  4  0  0  0
0  0  0  0  0  0  0  0
0  0  0  0  0  0  0  0
0  0  0  0  0  0  0  0
4  0  0  0  2  0  2  0
0  0  0  0  0  0  0  0
0  0  0  0  2  0  1  1
0  0  0  0  0  0  1  1
```

为了方便四叉树分解后的图像块信息,MATLAB 还提供了 qtgetblk 函数,具体语法如下:

```
[vals, r, c] = qtgetblk(I, S, dim)
[vals, idx] = qtgetblk(I, S, dim)
```

其中，I是原始图像；S是四叉树分解后的稀疏矩阵；dim 是想观察图像块的维数；vals 是一个 dim×dim×k 维的数组（k 为分解结果中 dim×dim 大小的方块个数）；r 和 c 存放行、列矢量坐标；idx 存放返回分解的子块中左上角的线性索引。

例 9-11　编程实现对像素矩阵的四叉树分解并提取结果信息。

```
I = [1    1    1    1    2    3    6    6
     1    1    2    1    4    5    6    8
     1    1    1    1    10   15   7    7
     1    1    1    1    20   25   7    7
     20   22   20   22   1    2    3    4
     20   22   22   20   5    6    7    8
     20   22   20   20   9    10   11   12
     22   22   20   20   13   14   15   16];
S = qtdecomp(uint8(I),0.05);
[vals,r,c] = qtgetblk(I,S,4)
```

上述程序的运行结果为

```
vals(:,:,1) =
             1  1  1  1
             1  1  2  1
             1  1  1  1
             1  1  1  1
vals(:,:,2) =
             20  22  20  22
             20  22  22  20
             20  22  20  20
             22  22  20  20
r =
             1
             5
c =
             1
             1
```

MATLAB 图像处理工具箱还提供 qtsetblk 函数对被分割图像进行块替换，语法格式如下：

```
J = qtsetblk(I, S, dim, vals)
```

其中，I是四叉树分解的图像；S是由 qtdecomp 函数返回的稀疏矩阵；dim 是所进行替代子块的维数；vals 是一个 dim×dim×k 维的数组（k 为分解结果中大小 dim×dim 的方块个数）；J 为 I 中相应块被 vals 中相应块替换后的输出结果。

例 9-12　对一幅图像进行四叉树分解并做相应的块替换。

```
I = [1    1    1    1    2    3    6    6
     1    1    2    1    4    5    6    8
     1    1    1    1    10   15   7    7
     1    1    1    1    20   25   7    7
     20   22   20   22   1    2    3    4
```

```
    20    22    22    20    5     6     7     8
    20    22    20    20    9     10    11    12
    22    22    20    20    13    14    15    16];
S = qtdecomp(uint8(I),0.02);
 newvals = cat(3,zeros(4),ones(4));
J = qtsetblk(I,S,4,newvals)
```

上述代码的运行结果如下：

```
J =
    0    0    0    0    2     3     6     6
    0    0    0    0    4     5     6     8
    0    0    0    0    10    15    7     7
    0    0    0    0    20    25    7     7
    1    1    1    1    1     2     3     4
    1    1    1    1    5     6     7     8
    1    1    1    1    9     10    11    12
    1    1    1    1    13    14    15    16
```

需要说明的是,上面介绍的四叉树方法只是完成了分裂合并法的分裂过程,需再进一步合并才能完成一个图像的分割过程。

📖 扩展阅读

解构与重构：分裂合并法可看成"解构与重构"认知范式的一个具体实现。先将复杂图像递归分解为同质基元(分裂),再按优化目标重组语义区域(合并)。这一过程通过动态平衡局部均质性与全局最优性,为处理复杂的图像分割任务提供了可计算的实现路径。其本质是模拟人类"化整为零→聚零为整"的认知机制。

9.5 使用分水岭法进行图像分割

如果图像中的目标是连接在一起的,则分割起来会更困难,分水岭分割算法经常用于处理这类问题,通常会取得比较好的效果。分水岭分割算法把图像看成一幅"地形图",图像中每一点像素的灰度值表示该点的海拔高度,每个局部极小值及其影响区域称为集水盆,而集水盆的边界则形成分水岭。在每个局部极小值表面,刺穿一个小孔,然后把整个模型慢慢浸入水中,随着浸入的加深,每个局部极小值的影响域慢慢向外扩展,在两个集水盆汇合处构筑大坝,即形成分水岭。

通过分水岭分割算法进行图像分割,其像素点分为三类：①属于局部性最小值的点;②当一滴水放在某点位置上时,水一定会下落到一个单一的最小值点;③当水处在某个点的位置上时,水会等概率地流向不止一个这样的最小值点。对一个特定的区域最小值,满足条件②的点的集合称为这个最小值的"汇水盆地"或"分水岭"。满足条件③的点的集合组成地形表面的峰线,称为"分割线"或"分水线"。

基于这些概念的分割算法的主要目标是找出分水线。基本思想很简单：假设在每个区域最小值的位置上打一个洞并且让水以均匀的上升速率从洞中涌出,从低到高淹没整个地形。当处在不同的汇聚盆地中的水将要聚合在一起时,修建的大坝将阻止聚合。水将只能到达大坝的顶部处于分水线之上的程度。这些大坝的边界对应于分水岭的分割线。所以，它们是由分水岭算法提取出来的(连续的)边界线。

例 9-13 对一幅图像进行分水岭算法。

```
center1 = -50;
center2 = -center1;
dist = sqrt(2 * (2 * center1)^2);
radius = dist/2 * 1.4;
lims = [floor(center1 - 1.2 * radius) ceil(center2 + 1.2 * radius)];
[x,y] = meshgrid(lims(1):lims(2));
bw1 = sqrt((x - center1).^2 + (y - center1).^2) <= radius;
bw2 = sqrt((x - center2).^2 + (y - center2).^2) <= radius;
bw = bw1 | bw2;
bw = ~bw;
D = bwdist(bw);
D = -D;
D(bw) = -Inf;
figure
imshow(D,[])
title('原始图像')
L = watershed(D);
WL = bwlabel(L);
figure
imshow(WL)
title('分水线')
```

上述代码的显示结果如图 9-17 所示。

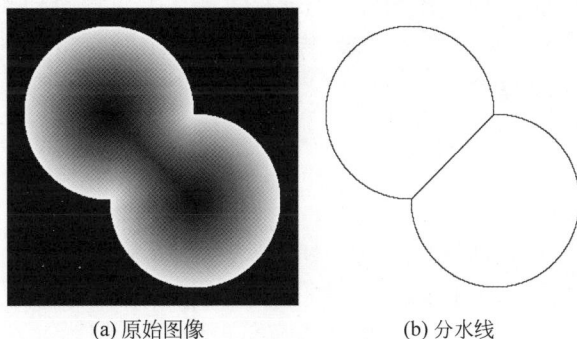

(a) 原始图像　　　　　　　(b) 分水线

图 9-17　分水岭算法示例

分水岭算法能够有效克服目标连接的分割问题，且具有直观、快速、可并行计算等优点，故其在图像分割领域得到广泛应用。

分水岭算法还是有过度分割、对噪声敏感等一些不足。由于大部分图像的梯度图都有许许多多的局部最小，在进行分水岭变换时往往会得到很多小区域边界，这样的结果毫无意义，因此分水岭算法具有过度分割的缺陷。同时，分水岭算法对噪声影响也十分敏感，图像局部的一些改变往往会引起分割结果的明显改变，噪声较强时会使得分水岭变换无法找出真正的边界。通常的解决办法是使用标记的图片来减少局部最小的数量，即使用带标记的分水岭变换。

扩展阅读

仿生学算法：仿生学算法是通过模拟自然界生物或物理现象(如蚁群协作、生物进化、水流扩散等)的智能行为而设计的一类优化方法。其核心是借鉴自然系统高效的问题解决机制,将生物群体的自组织性、环境适应性转化为数学计算模型(如遗传算法模拟"物竞天择",分水岭算法模拟水文侵蚀)。这类算法擅长处理传统方法难以解决的复杂优化问题(如路径规划、图像分割),在工程优化、人工智能等领域广泛应用,体现了"自然智慧"与"人工计算"的巧妙结合。

本 章 实 验

实验一　基于 Radon 变换的灰度图像线检测

一、实验目的

(1) 掌握 Radon 变换在图像直线检测中的应用。

(2) 加强用 MATLAB 编程进行图像特征提取的实现技能。

二、实验原理

参考 4.4 节"Hough 变换与 Radon 变换"及 9.1.2 节"线检测"相关内容。

三、实验内容

例 9-3 给出了利用 Hough 变换进行线检测的一个具体例子。正如 4.4 节所介绍的那样：Radon 变换可以看作 Hough 变换由二值图像向灰度图像的推广。试给出基于 Radon 变换的灰度图像直线检测算法,并编程实现。

通过选取不同图像及不同参数的实验,指出直接用 Hough 变换或 Radon 变换进行图像线检测的不足,并提出解决方案。分析 MATLAB 图像工具箱中使用 Hough 变换进行线检测的实现方法。

四、实验报告要求

(1) 描述实验的基本原理和步骤。

(2) 有相应的程序及相应的运行结果。

(3) 分析算法不足,并提出解决思路。

实验二　不同检测算子的性能比较

一、实验目的

(1) 掌握各边缘检测算子的计算机实现。

(2) 了解各算子在边缘检测过程中的不同性能。

二、实验原理

参考 9.2 节"边缘检测"相关内容。

三、实验内容

通过选取具有不同边缘性质(粗细、明暗、方向等)的图像,并使用不同算子对这些图像进行边缘检测。根据检测结果讨论各边缘检测算子的特点。

四、实验报告要求

（1）描述实验的基本原理和步骤。

（2）有相应的程序及相应的运行结果。

（3）对不同运行结果给出合理的总结与分析。

实验三　阈值分割算法比较

一、实验目的

（1）掌握各阈值分割的程序实现。

（2）了解各阈值分割的优缺点。

二、实验原理

参考 9.3 节"基于灰度阈值的图像分割"相关内容。

三、实验内容

选取在明暗、噪声等方面性质不同的图像，使用各阈值算法进行图像分割。根据分割结果讨论这些分割算法的特点。

四、实验报告要求

（1）描述实验的基本原理和步骤。

（2）有相应的程序及相应的运行结果。

（3）对分割结果给出合理的分析。

实验四　图像的四叉树分解

一、实验目的

（1）掌握图像四叉树分解算法的基本原理。

（2）掌握图像四叉树分解算法的 MATLAB 实现。

二、实验原理

参考 9.4 节"区域生长法与分裂合并法进行图像分割"相关内容。

三、实验内容

9.4 节中的实验内容主要是基于输入图像矩阵进行的，试对一幅自然图像进行四叉树分解，提取分解结果，并进行相应的块替换实验。分析使用不同参数对分解结果造成的影响。

四、实验报告要求

（1）描述实验的基本原理和步骤。

（2）有相应的程序及相应的运行结果。

（3）分析不同分割参数对结果的影响。

实验五　分水岭算法进行图像分割

一、实验目的

（1）掌握分水岭算法的基本原理。

（2）掌握分水岭算法的 MATLAB 实现。

二、实验原理

参考 9.5 节"使用分水岭法进行图像分割"相关内容。

三、实验内容

9.5 节的实验内容是基于一幅人工图像,试采用分水岭算法对一幅自然图像进行分割,分析分水岭算法的优缺点。

四、实验报告要求

(1) 描述实验的基本原理和步骤。

(2) 有相应的程序及相应的运行结果。

(3) 分析不同分割参数对结果的影响。

附录 A 　实验报告参考模板

_____学院实验报告

【____—____学年第____学期】

【一、基本信息】			
【实验课程】	图像处理		
【实验项目】			
【学生姓名】		【学　号】	
【专　业】		【班　级】	
【同组学生】			
【实验日期】		【报告日期】	
备注：			

【二、实验题目及实现过程】

> 实验目的：

> 实验原理：

> 实验内容：

> 分析总结：

【三、实验成绩】

评语：

成绩	优		良		中		差	

附录B　　　Python 环境搭建

　　鉴于 Python 语言在计算机视觉领域的广泛使用，为方便以 Python 为编程语言的读者，随书电子资源在提供 Matlab 代码的同时还提供了与之相对应的 Python 代码。此处给出 Windows 操作系统下的一个常用 Python 环境配置方案：基础平台为 Anaconda；核心工具包为 NumPy、Pillow 和 OpenCV；开发工具为 PyCharm。读者若采用其他操作系统，环境搭建的基本原理与此类似。

　　本部分的主要内容如下：

B.1　安装 Anaconda

　　Anaconda 由 Continuum Analytics 公司（现为 Anaconda，Inc.）于 2012 年推出，最初是为解决 Python 科学计算中的依赖管理难题而开发。经过十几年发展，它已成为数据科学领域最主流的 Python 发行版。它通过革命性的 Conda 工具彻底解决了 Python 环境管理的痛点。这个一站式平台不仅预装了 NumPy、Pandas、Matplotlib 等 1500 多个核心科学计算库，还提供强大的虚拟环境管理功能，让开发者能在不同项目间无缝切换且完全隔离依赖关系。

B.1.1 下载 Anaconda

(1) 访问 Anaconda 官方网站 https://www.anaconda.com/products/distribution 下载最新版本,或访问 https://repo.anaconda.com/archive/ 获取以前版本。

(2) 根据你的操作系统(Windows/macOS/Linux)选择对应的版本。

(3) 建议下载 Python 3.x 版本,因为 Python 2.x 已经停止维护。

B.1.2 安装 Anaconda

(1) 直接双击下载的.exe 文件,安装界面如图 B-1 所示。

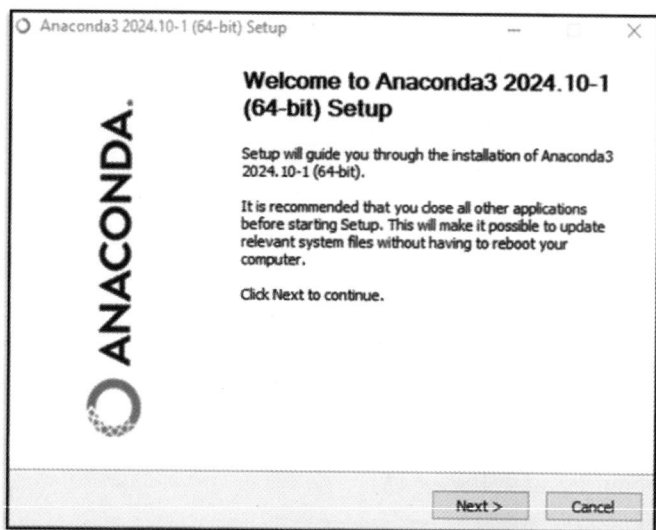

图 B-1 Anaconda 安装界面

(2) 关键选项说明。

- Install for:Just Me(推荐)→仅当前用户安装。
- Destination Folder:D:\anaconda3(默认或自定义安装路径均可)。
- Advanced Options:

☑Add Anaconda3 to my PATH environment variable(可选,但可能影响其他 Python 环境)。

☑Register Anaconda3 as my default Python 3.x(推荐)。

B.1.3 测试 Anaconda

(1) 启动 Anaconda Prompt。

在程序列表中找到 Anaconda3 文件夹(或类似名称,取决于安装版本),单击 Anaconda Prompt(Anaconda3) 即可打开。

(2) 输入 conda --version,如图 B-2 所示,如果返回版本号则表明安装成功。

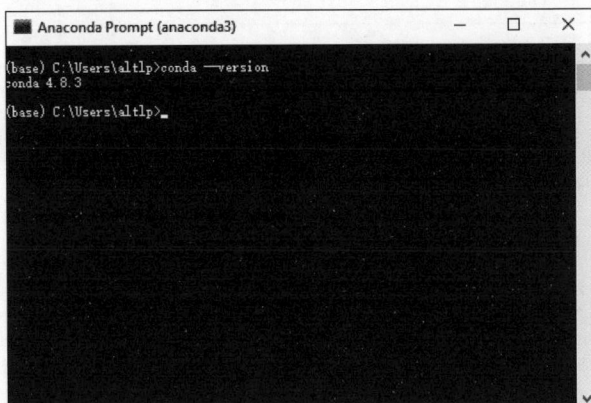

图 B-2　Anaconda 测试

B.2　建立虚拟环境并安装 NumPy、Pillow 和 OpenCV

为避免可能引起的程序冲突,我们先创建专用于本书练习的虚拟环境,然后在此虚拟环境中安装相应的工具包。

B.2.1　建立虚拟环境并激活

1) 建立虚拟环境

如图 B-3 所示,在 Anaconda Prompt 窗口输入 conda create -n mydip python=3.8 建立名称为 mydip,Python 版本为 3.8 的虚拟环境。当然也可用其他环境名称和 Python 版本。在建立过程中,计算机提醒有需要升级的包时输入"y"进行确认。

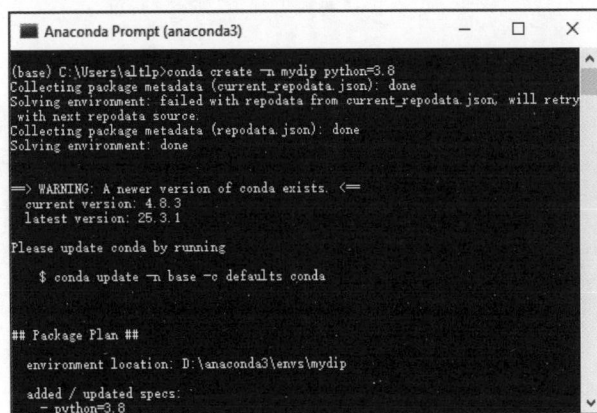

图 B-3　建立虚拟环境

2) 激活虚拟环境

在 Anaconda Prompt 窗口输入 activate mydip(conda4.6 及以上版本要求输入 conda activate mydip)激活所建立的虚拟环境如图 B-4 所示。

输入 conda list 可以查看当前虚拟环境已经安装的包,如图 B-5 所示。

Python 环境搭建

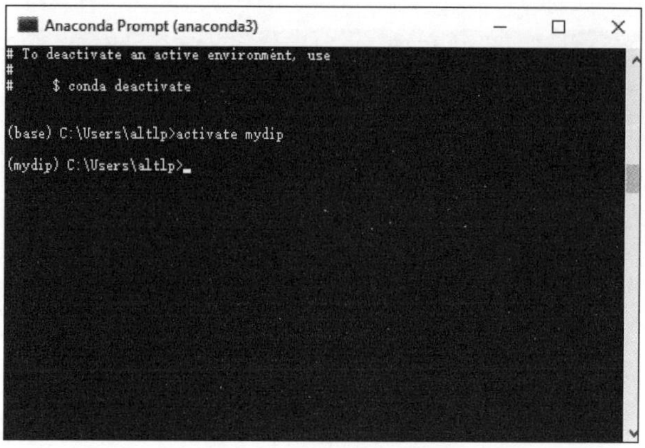

图 B-4　激活虚拟环境

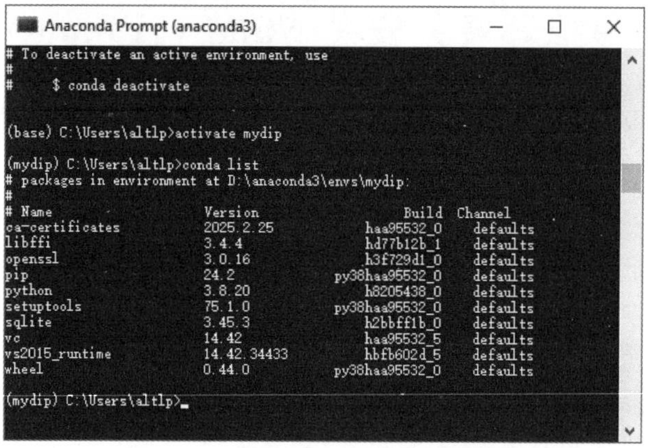

图 B-5　查看当前虚拟环境已安装的包

B.2.2　安装 NumPy 包和 Pillow 包

NumPy 是 Python 的核心科学计算包,提供高效的多维数组和强大的数学运算功能,支持向量化操作和广播机制,能大幅提升数值计算性能,是很多 Python 包的基础依赖。Pillow 则是 Python 中广泛使用的一个开源图形包,具有丰富的图像处理功能。

1)安装

在 Anaconda 的当前虚拟环境,使用下面两行操作可分别完成对二者的安装。

- conda install numpy。
- conda install pillow。

2)测试

在 Anaconda 的当前虚拟环境,使用下面两行操作:

- python -c "importnumpy; print('numpy version:', numpy. __version__)"。
- python -c "from PIL import Image;print('Pillow version:', Image. __version__)"。

若能如图 B-6 所示正常显示二者的版本号,则表示安装成功。

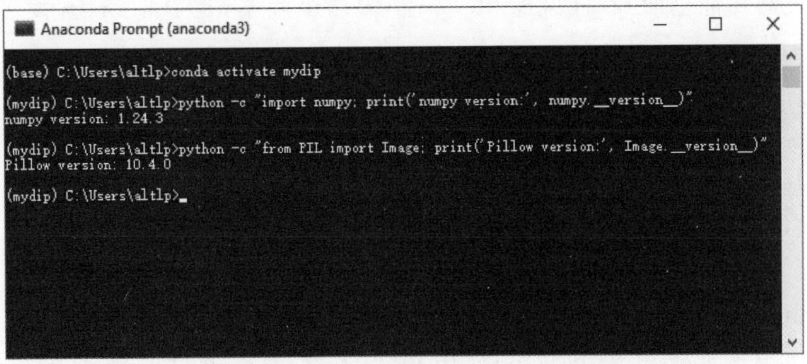

图 B-6 测试 NumPy 和 Pillow 是否安装成功

B.2.3 安装 OpenCV 包

OpenCV 是 1999 年英特尔推出的开源计算机视觉库,现由全球开发者共同维护,提供 2500＋图像处理算法,广泛应用于 AI 和机器人等领域。OpenCV 的核心价值在于确立了计算机视觉领域的开源工业标准。

1) 安装

在 Anaconda 的当前虚拟环境,使用下面操作可完成对 OpenCV 的安装。

- conda install -c conda-forge opencv。

2) 测试

使用下面操作,若能正常输出版本号则表示安装成功,如图 B-7 所示。

- python -c "import cv2;print('OpenCV 版本:', cv2.__version__)"。

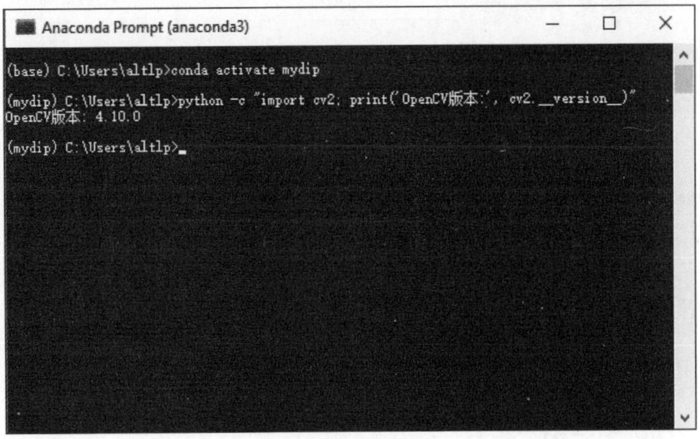

图 B-7 测试 OpenCV 是否安装成功

B.3 安装 PyCharm

PyCharm 是由 JetBrains 公司开发的一款功能强大的 Python 集成开发环境(IDE),支持代码编辑、调试和项目管理。其智能代码补全、语法高亮、实时错误检查大幅提升了开发

附录 B

Python 环境搭建

效率。有专业版(功能全面)和社区版(免费轻量)两个版本,是 Python 开发者广泛使用的首选工具之一。

B.3.1 下载 PyCharm

- 访问 JetBrains 官网:https://www.jetbrains.com/pycharm/。
- 选择 "Download"(下载)。
- 根据需求选择版本:

Community(社区版)——免费,适合基础 Python 开发。

Professional(专业版)——付费(可试用 30 天),支持 Web 开发、数据库等高级功能。

B.3.2 安装 PyCharm

(1) 运行下载的.exe 安装程序,安装界面如图 B-8 所示。

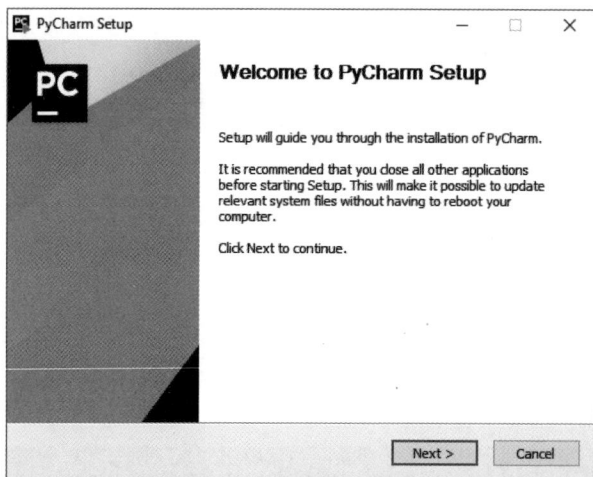

图 B-8　PyCharm 安装界面

(2) 关键选项说明。

- 选择安装路径(建议默认)。
- 勾选 Add launchers dir to the PATH(方便命令行启动)。
- 选择.py 文件关联(可选)。
- 单击 Install 按钮完成安装。

B.3.3 设置 PyCharm 解释器

1) 建立项目导入教材代码及数据

先建立一个项目,可命名为 MyTest。并将本书配套电子资源中需要运行的 Python 代码及相应图片复制到项目所在文件夹(可复制全部代码,也可选择个别代码)。此处以第 2 章例 2.1 所对应的 Python 程序 L2_1.py 和相应的图片 Clock.tiff 为例进行说明。具体如图 B-9 所示。

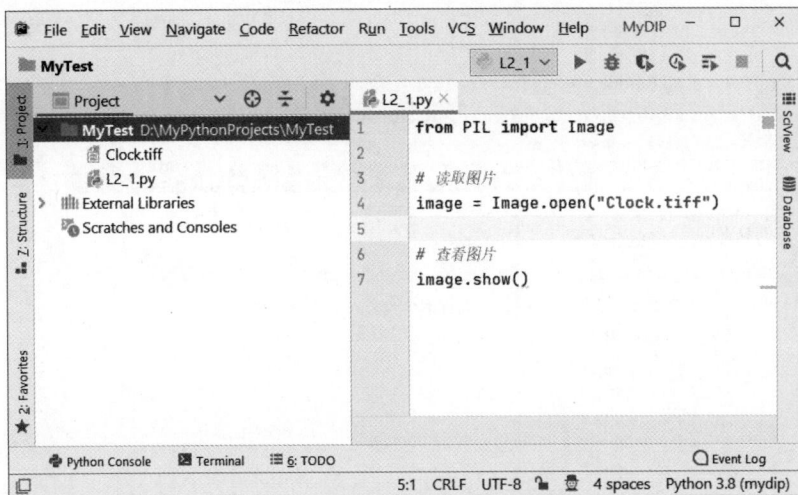

图 B-9　建立项目导入代码及数据

2）设置解释器

顶部菜单栏 File→Settings→Project：<项目名>→Python Interpreter 如图 B-10 所示。

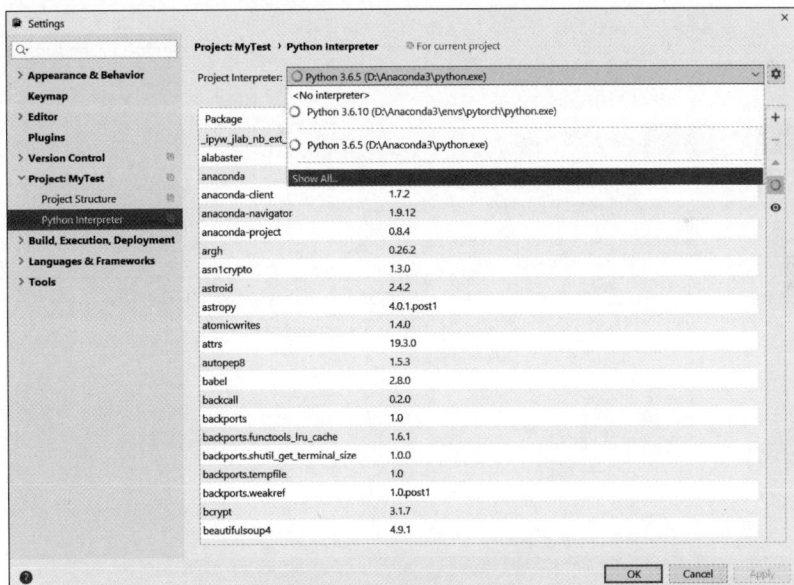

图 B-10　设置解释器界面

在右侧解释器下拉列表中找到我们在 B2 部分所建立的虚拟环境（mydip），选中后单击 OK 按钮即可完成设置。

若下拉列表中没有所建立的 mydip，则单击 Show All 在下面解释器列表继续查找，如图 B-11 所示。

若列表中依然没有所建立的 mydip 虚拟环境，则单击图 B-11 右侧"＋"号，得到图 B-12。

Python 环境搭建

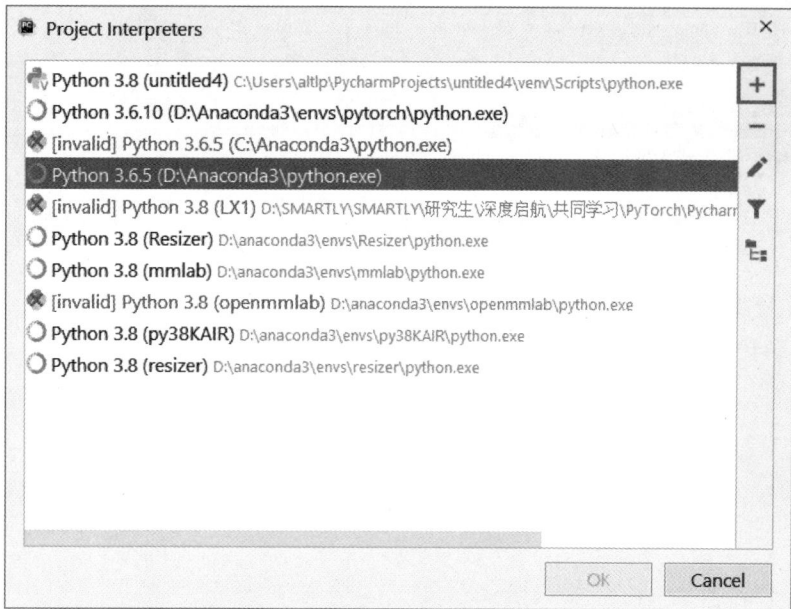

图 B-11　查找解释器 1

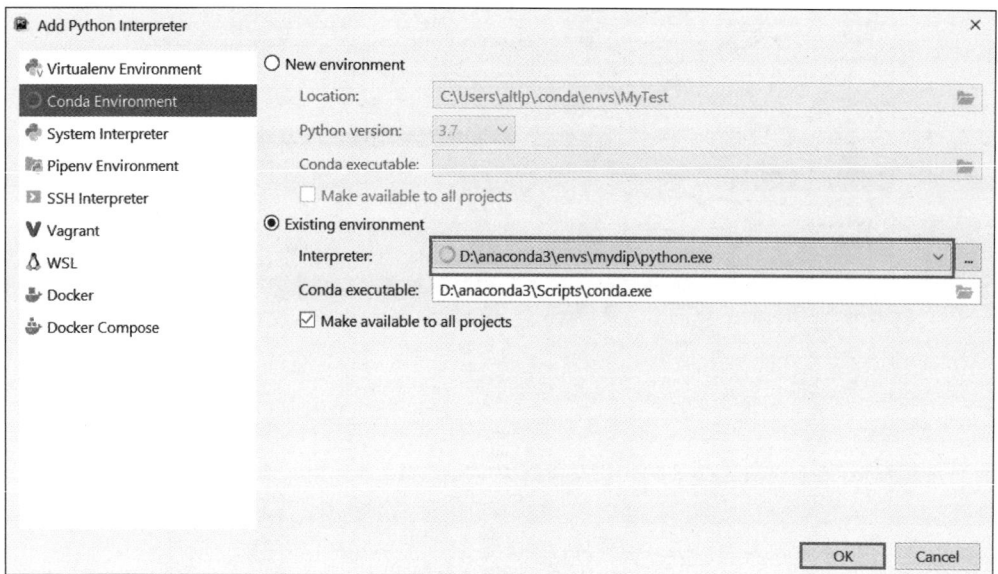

图 B-12　查找解释器 2

在图 B-12 中选择 Conda Environment→Existing environment，在下拉列表找到所建立的虚拟环境 mydip。选中后，单击 OK 按钮，便得到如图 B-13 所示更新后的解释器列表。

在新的解释器列表中选中所建虚拟环境 mydip 所在行，继续单击 OK 按钮，如图 B-14所示，便可将相应 python.exe 设置成解释器了。

再单击 OK 按钮，完成解释器设置。

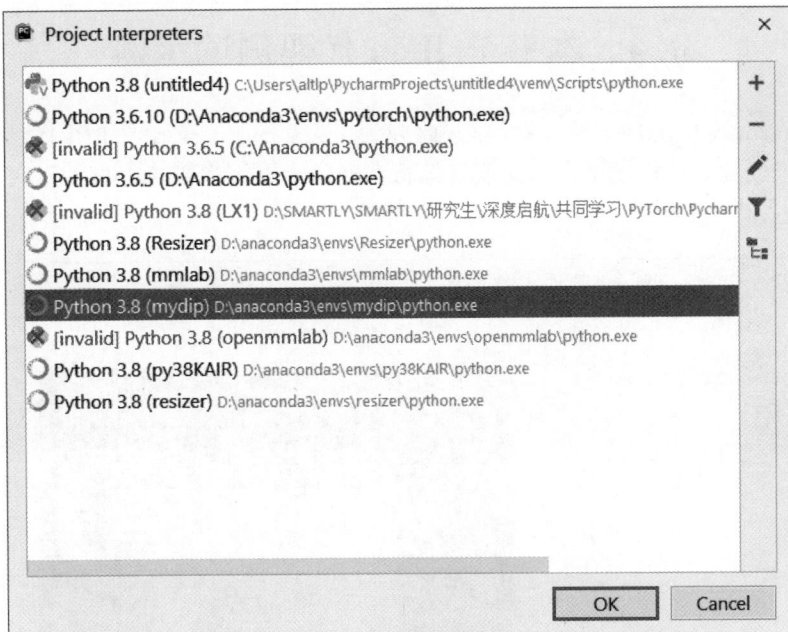

图 B-13　查找解释器 3

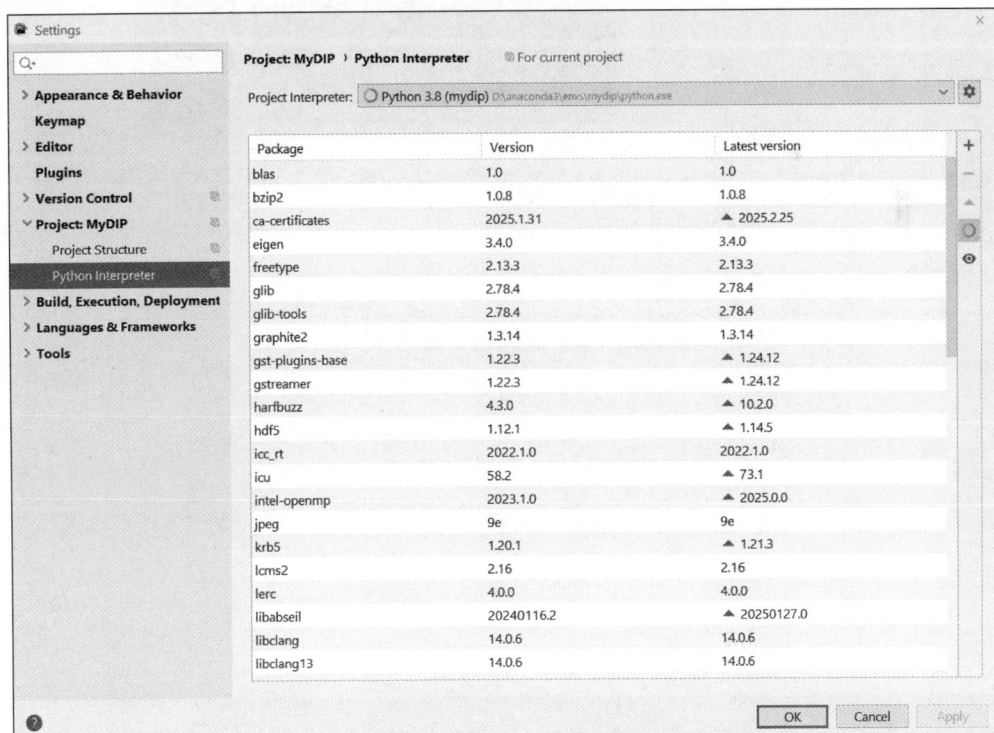

图 B-14　完成解释器设置

附
录
B

Python 环境搭建

B.4 本书 Python 代码测试示例

在 PyCharm 窗口运行所导入的代码(此处为 L2_1.py)。若结果如图 B-15 所示,则表明解释器设置成功。这样便可在当前项目运行和调试本书电子资源中与 MATLAB 代码相对应的 Python 代码了。

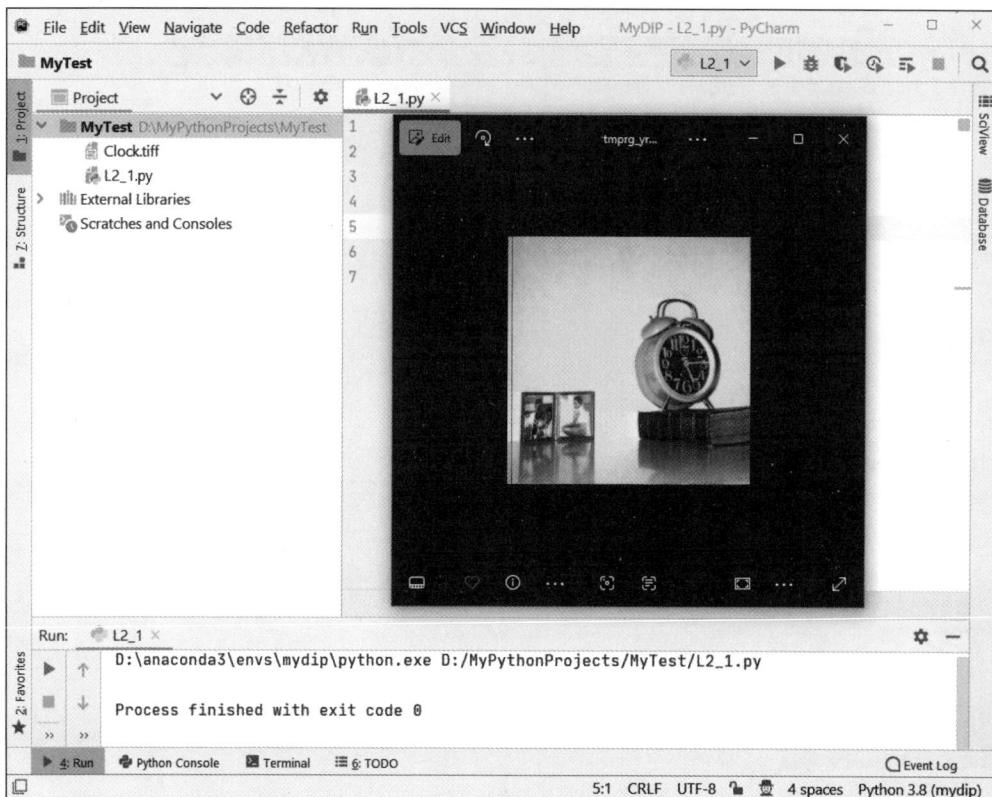

图 B-15　本书 Python 代码测试示例

参 考 文 献

[1]　Joly M. 图像分析[M]. 怀宇,译. 天津：天津人民出版社,2012.

[2]　柏拉图. 理想国[M]. 王扬,译,北京：华夏出版社,2012.

[3]　BOW S T. Pattern recognition and image preprocessing[M]. New York：M. Dekker,2002.

[4]　章毓晋. 图像工程[M]. 北京：清华大学出版社,2013.

[5]　李冠章,罗武胜,李沛. 一种高效地修正 Retinex 图像自适应对比度增强算法[J]. 测试技术学报,
　　　2009,23(5)：445-451.

[6]　朱虹. 数字图像处理基础与应用[M]. 北京：清华大学出版社,2013.

[7]　胡学龙. 数字图像处理[M]. 北京：电子工业出版社,2011.

[8]　冈萨雷斯,伍兹,埃丁斯. 数字图像处理：MATLAB 版[M]. 阮秋琦,等译.2 版. 北京：电子工业出版
　　　社,2013.

[9]　董长虹. MATLAB 图像处理与应用[M]. 北京：国防工业出版社,2004.

[10]　唐远炎,王玲. 小波分析与文本文字识别[M]. 北京：科学出版社,2004.

[11]　张伯坚. 求逆 Radon 变换的时频小波方法[M]. Journal of South China University of Technology,
　　　2000,28(7)：127-131.

图 书 资 源 支 持

感谢您一直以来对清华版图书的支持和爱护。为了配合本书的使用，本书提供配套的资源，有需求的读者请扫描下方的"书圈"微信公众号二维码，在图书专区下载，也可以拨打电话或发送电子邮件咨询。

如果您在使用本书的过程中遇到了什么问题，或者有相关图书出版计划，也请您发邮件告诉我们，以便我们更好地为您服务。

我们的联系方式：

清华大学出版社计算机与信息分社网站：https://www.shuimushuhui.com/

地　　址：北京市海淀区双清路学研大厦 A 座 714

邮　　编：100084

电　　话：010-83470236　010-83470237

客服邮箱：2301891038@qq.com

QQ：2301891038（请写明您的单位和姓名）

资源下载：关注公众号"书圈"下载配套资源。

资源下载、样书申请

图书案例

书圈

清华计算机学堂

观看课程直播